WHERE DID THE UNIVERSE COME FROM?
AND OTHER COSMIC QUESTIONS

宇宙从哪里来

从量子物理学到宇宙结构

FROM THE QUANTUM TO THE COSMOS

[澳]　克里斯·费里（Chris Ferrie）
　　　杰兰特·F. 刘易斯（Geraint F. Lewis）　著

王清扬　译

人民邮电出版社
北京

图书在版编目（CIP）数据

宇宙从哪里来：从量子物理学到宇宙结构 / （澳）克里斯·费里（Chris Ferrie），（澳）杰兰特·F.刘易斯（Geraint F. Lewis）著；王清扬译. -- 北京：人民邮电出版社，2023.7
（爱上科学）
ISBN 978-7-115-60385-2

Ⅰ. ①宇… Ⅱ. ①克… ②杰… ③王… Ⅲ. ①宇宙－普及读物 Ⅳ. ①P159-49

中国版本图书馆CIP数据核字(2022)第208245号

版 权 声 明

◆ 著　　　　［澳］克里斯·费里（Chris Ferrie）
　　　　　　　［澳］杰兰特·F.刘易斯（Geraint F. Lewis）
　　译　　　　王清扬
◆ 责任编辑　周　璇
　　责任印制　马振武
◆ 人民邮电出版社出版发行　　北京市丰台区成寿寺路 11 号
　　邮编　100164　　电子邮件　315@ptpress.com.cn
　　网址　https://www.ptpress.com.cn
　　涿州市京南印刷厂印刷
◆ 开本：880×1230　1/32
　　印张：5.125　　　　　　　　　2023 年 7 月第 1 版
　　字数：140 千字　　　　　　　2023 年 7 月河北第 1 次印刷
　　著作权合同登记号　图字：01-2022-4257 号

定价：79.80 元
读者服务热线：(010)81055493　印装质量热线：(010)81055316
反盗版热线：(010)81055315
广告经营许可证：京东市监广登字 20170147 号

内 容 提 要

　　本书全面阐述宇宙从哪里来，涵盖宇宙起源、发展及未来。第一章介绍宇宙的起源，讲述了描述宇宙最初阶段的大爆炸理论与暴胀理论，以及轻元素的诞生过程。第二章介绍当今的宇宙，讲述了恒星的演化、终结与形成重元素的核反应过程。第三章介绍宇宙的归宿，讲述了描述恒星、黑洞、宇宙的最终状态的理论。第四章介绍了尝试统一量子力学与广义相对论的万物理论，讲述了它的几种可能的形式。

　　书中巧妙地将量子和宇宙结合，尽管二者有天壤之别，但书中展示了它们之间千丝万缕的关联——最大尺度上的宇宙运转与最小尺度上的量子作用其实是紧密相连的。同时，本书还讲解了微观的现象如何影响宏观的理论。书中没有公式，而是从量子物理学的独特视角讲宇宙学，涉及了量子力学、宇宙学和自然哲学等，并用了很多巧妙、通俗的比喻，使复杂的科学原理易于理解。本书适合宇宙学、物理学爱好者阅读。

献给所有对宇宙抱有好奇心的人

推荐序

我们都喜欢刨根问底，追寻事物的本源。而很多问题，往往会追溯到宇宙的起源和宇宙中物质的起源。

比如，对于"太阳为什么发光？"这个问题，我们就可以一连串追问下去。

构成太阳的化学元素是什么？这些元素是从哪里来的？

太阳自身的引力把这些元素紧紧压到一起，这种引力的本质是什么？怎么把引力应用到比太阳还大的物体，比如星系，甚至整个宇宙？

为什么构成太阳的元素被紧紧压到一起，就会产生核聚变？既然原子核会产生变化，原子核又是由什么组成的？它们遵循什么样的量子物理规律？

恒星的核聚变能永远继续下去吗？如果恒星的核燃料"烧完了"，恒星的结局是什么？会形成黑洞吗？

太阳光在空间中自由传播，宇宙空间又是哪儿来的？为什么这么大？空间会越变越大吗？

……

　　我们看到，当我们从太阳的问题追问下去，这一串更"深刻"的问题与太阳的关系越来越小；而这些问题，却都在向两个方向汇聚——基本粒子和宇宙。宇宙从哪里来？宇宙中的物质从哪里来？宇宙的发展变化是哪些物理规律决定的？这些物理规律能进一步统一吗？宇宙的命运是什么？更有趣的是，基本粒子，粗看起来和宇宙好像没有关系，但是像"基本粒子"这样世界上最小的物体，和宇宙这样世界上最大的物体之间，居然有极其深刻的联系。它们又是怎么联系上的？这些，都是我们在追寻事物本源的过程中要问的最重要的问题。

　　这些本源问题，就是基础物理旨在回答的，也是本书将为读者展现的内容。虽然这些内容看起来有点难，但是，这本书将用通俗易懂的语言，讲清楚这些基本问题。比如说，物理教科书中"黑体辐射的紫外灾难"这种让人摸不着头脑的技术语言，在本书中用"热金属的颜色"这种大家都懂的语言来展现，而背后的原理，则像"只有一堆 1 元的时候，你没法付 1.23 元"这样简单。这本书使用生活化的语言，为每一个人打开了一扇理解宇宙的大门。

　　这本书的另一个优点是高质量的翻译。翻译质量不佳是引进版图书常碰到的一个问题，翻译质量堪比原文的译本可谓凤毛麟角。不过，比照英文原文，我看到这本书的翻译质量不但不输英文原文，语言或许还变得更加流畅、好懂，这得益于本文译者的专业功力和文字水平。本文译者王清扬是中国科学院大学的在读博士研究生，研究方向恰是本书的主题：理论宇宙学。王清扬同时也是网上著名的科普大 V，是知乎的年度新知答主，在知乎创作过上千篇科普作品，受到近 20 万用户的关注，我也是关注他多年的粉丝之一。王清扬的翻译，无疑为本书增色不少。

　　一本好书在手，无须多说，让我们一起阅读，一起探索宇宙吧。

王一

香港科技大学物理学系副教授

科普书《一说万物》作者

前　　言

　　在过去的几十年中，涌现了许多了不起的科学家，他们专注于向科学界以外的广大受众介绍他们的研究和发现。这些科学家有很高的吸引各个年龄层次和知识背景的观众或读者的天赋。除此之外，他们往往还有一个重要的共同点：其作品中都包含大量精品的太空照片。不过，如果你稍微挖掘一下这些科学家的专业背景，就会发现他们并非都是天文学家。这说明即使不是使用天文望远镜的科学家，也会用遥远星系和灿烂星云的图像来吸引我们。

　　人类一直都是观星者，我们天生就会被这些太空的照片所吸引。星空的有序之美是希腊语中"**宇宙**"这个词的起源，该词原意就是秩序。今天，宇宙是太空的同义词。虽然从定义上说，宇宙意味着**所有的一切**，但实际上，它代表的只是地球之外的一切。天文学家，也就是研究宇宙的科学家，通常只对地球之外的星空感兴趣。

　　宇宙的浩瀚无法直观想象，说起"宇宙"这个词，我们会有一种空间尺度极为广阔的感觉。虽然"宇宙"从定义上讲包括蚂蚁、沙粒和单个的原子，但我们在研究它的时候会忽略掉那些小的细节。当我们观察行星、恒星和黑洞等事物时，就会发现宇宙的运行似乎遵循着一套有序的物理理论和定律。由此看来，宇宙是一台运转良好的"机器"，它是稳定并且可预测的。我们也大体上知道它如何运行。

　　科学史上最令人意想不到的事情是：宇宙表面上的运行规则并非在所有尺度上都适用。我们可能会期望大而远的事物与小而近的事物的运行规则是一样的，就好比望远镜放大远处的物体，而显微镜放大微小的物体。但当我们真正深入观察微观世界时，我们就会发现它其实相当陌生，充满了不可预测和违反直觉的事物，在许多方面与宏观的宇宙截然不同。换句话说，在非常小的尺度上，我们看到了**量子**世界。

"**量子物理学**"是 20 世纪初期发展起来的现代物理学的一个分支，用来解释一些涉及微观世界的实验结果。它所研究的世界比我们目前最好的显微镜能看到的尺度还要小很多，是一个属于原子的世界。虽然这个**量子世界**无法直接被我们观察到，但它为我们理解物质的基本组分、化学反应，甚至是星体本身的演化提供了基础。

量子物理学不仅是所有现代科技的基础，也是连接所有学科领域的纽带。然而，这个理论本身是出了名的难以理解。我们这本书的任务不是教会读者如何在自己的理论或技术领域中使用量子物理学，而是让读者对这种将我们与宇宙联系起来的物质科学有所了解。

综上所述，本书的内容是关于量子和宇宙的，这是人类理解世界的两个极端场景。量子世界是非常小的基本粒子和非常近的基本力的世界，这些基本粒子和基本力是构成一切的基石。而宇宙包括所有的一切，数万亿的恒星和星系在宇宙中运行，宇宙从一个炽热的起点膨胀至今，未来也永不停歇。尽管量子与宇宙有天壤之别，但通过本书，我们将展示它们之间千丝万缕的关联——最大尺度上的宇宙运转与最小尺度上的量子作用其实是紧密相连的。

我们将讲述目前我们对宇宙的理解，并带大家看一看微观的现象如何影响宏观的理论。我们将去上古宇宙中探险，并畅想它的未来。这将是一场见微知著的"宇宙秀"。虽然量子和宇宙在尺度上天差地别，但只有当它们结合在一起时，太空的真正之美才得以展现。

克里斯·费里（Chris Ferrie）

杰兰特·F. 刘易斯（Geraint F. Lewis）

2021 年于澳大利亚悉尼

目　　录

量子和宇宙　　　　　　　　　　　　　　　　　　　　1

第一章：宇宙的量子起源　　　　　　　　　　　**13**

宇宙从何而来?　　　　　　　　　　　　　　　　　15

宇宙为何如此平滑?　　　　　　　　　　　　　　　26

宇宙中为什么会有物质?　　　　　　　　　　　　　38

元素从何而来?　　　　　　　　　　　　　　　　　49

第二章：宇宙的量子现实　　　　　　　　　　　**59**

如何揭示太空的化学成分?　　　　　　　　　　　　61

我们体内的化学元素从何而来?　　　　　　　　　　71

为什么垂死的恒星会粉碎自身?　　　　　　　　　　81

整个宇宙是量子的吗?　　　　　　　　　　　　　　91

第三章：宇宙的量子未来　　　　　　　　　　　**101**

为什么黑洞不是所有恒星的结局?　　　　　　　　　103

物质会永远存在吗?　　　　　　　　　　　　　　　111

黑洞会永远存在吗?　　　　　　　　　　　　　　　119

宇宙的终结会是真正的终点吗？ 126

第四章：量子宇宙的未来 133

我们已探讨了什么？ 135

万物理论可能是什么样子？ 137

万物理论会引导我们走向何方？ 142

前进的道路上还有哪些阻碍？ 145

致谢 149

关于作者 150

量子和宇宙

有人说，宇宙的最不可理解之处是它居然是可以被理解的。当然，我们还没有完全理解它——至少现在还没有。

宇宙里还有许多不为人知、神秘莫测的事物。但是对于刚刚从猿类进化而来的人类来说，相较于上百亿年的宇宙演进史，人类的文明只占其中短短的几千年，所以人类对宇宙的了解其实已经很多了！

在过去的几个世纪里，我们成功地破解了宇宙中的许多奥秘。我们发现，那些决定世间万物的演化方式、支配物体之间相互作用的规律并非是用文字来书写的，而是被数学方程式描写的。400 年前，伽利略、开普勒和牛顿踏出了探索宇宙的第一步。从那时开始，宇宙的数学秘密就被我们一点一点地揭示开来。那些看似神秘的现象，例如电和磁、物质和光、热和能量逐渐被探索、定义、解释，并最终在美妙的数学方程式中得到阐述。

到 19 世纪末，物理学似乎马上就要迎来大结局。据说，开尔文勋爵曾说过："科学上已没有什么新东西可以探究了，剩下要做的就是以越来越高的精度进行测量。"

但这种守成的科学思想很快就站不住脚了。一系列科学革命可以追溯到 20 世纪之初，那时，一位 42 岁的德国物理学家试图理解这个世界。

马克斯·普朗克试图寻找物体被加热后发光的原因。当然，许多东西被加热后只会燃烧（一种物质转化为另一种物质的化学反应）。但如果你见过铁匠打马蹄铁或者火堆里的铁棍，你就会知道加热的金属会发光。刚开始，它会发出玫红色的光芒，但随着温度的升高，金属会变成蓝白色。那么问题来了，被加热的金属的颜色为什么是这个样子？

　　普朗克并没有用一些笼统的含糊其辞的术语来解释加热后金属的颜色。他想更准确地描述观察到的热金属的颜色——为什么红色比蓝色多？当加热某物时，它会先变成红色，然后再变成蓝白色。为什么会这样？他的内心渴望得到答案。

　　普朗克并不是第一个尝试回答这个问题的人，但在他之前的每个人都失败了。那些物理学家按照自己所理解的物理定律推导热金属颜色的数学公式。他们知道光是由于金属内部的微小电荷（我们现在知道是电子）来回振荡而发出的。而加热金属会给这些小电荷更多的能量，因此它们会更剧烈地振荡，发出更多的光。这使科学家意识到，发光的颜色与振荡的电荷之间应该存在千丝万缕的联系，因此他们研究的关键在于确认热现象所具有的能量如何影响电荷的振荡。

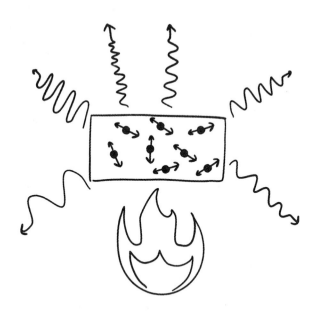

　　不幸的是，他们的数学公式推演失败了。科学家可以正确地解释热金属发出的光中能量较低、波长较长的红光的总量。然而他们的数学公式显示，能量更高的蓝光的总量应该比红光的总量更多，这与实验结果相悖。同时数学公式也预言，在热金属发出的光中应该会存在比蓝光能量更高的辐射，比如紫外线、X 射线和伽马射线，而它们在实验中根本就没有被观测到。这些疑难被称为"紫外灾难"，它标志着经典物理学对这个世界的认识存在局限性。

普朗克一开始也处于失败的边缘，这促使他尝试采用了一些激进的物理思想。这其实挺出人意料的，因为普朗克是一个保守的人（正如同为物理学家的马克斯·玻恩在普朗克的讣告中所描述的那样），他对猜测持怀疑态度。激进不是他的天性，但他觉得自己别无选择。因为他无论如何也无法根据自己所理解的物理定律去解决热金属的颜色问题。

量子假说

普朗克的想法是：考虑电荷的振荡是**离散的**，以不可分割的一份一份的形式出现。用"离散"来形容电荷的运动看上去可能是一种很奇怪的说法，但如果你把它换成金钱，就很容易理解。想象一下，现在你有一堆 1 美元的钞票。如果我让你从这堆钱中数出一部分，你总是会得到整数的金额，如 0 美元、1 美元、2 美元……在只有一堆 1 美元钞票的前提下，你永远不会数出 1.23 美元这个金额，除非你把钞票撕碎——这实在是个坏主意！

普朗克假设：在一个炽热的物体中，电荷的振荡模式是离散的，就像在一堆 1 美元的钞票中数钱一样。电荷的振荡被禁止在这些离散模式之间连续变化。虽然当我们在谈论物理定律和理论时使用"禁止"这样的词可能有点奇怪，但我们想说的是，普朗克只是把这些奇怪的新规则写入了他的数学公式当中，来看一看这能推导出什么样的结论。他一开始其实也不知道为什么会有这样的规则。

令他惊讶的是，这些新规则竟然奏效了！热金属的颜色可以被普朗克在这种特殊假设下推导出的数学公式所精确地描述。然而，这种新理念与已有的物理学理论背道而驰。在普朗克推演出这个公式之前的 250 多年，牛顿为物理世界带来了微积分这种数学工具。微积分以其所向披靡的实用性，成功地将它的理念深深地根植于所有科学家的头脑之中，即世间的一切都是连续的，万物都可以被一分为二，而分开的一半可以被继续往下分，一直分割下去，无穷无尽。因此，在一个似乎映照着数学上的无穷无尽之美的世界里，倘若真如普朗克所提议的那样，世间万物归于离散，止于一点不可再分，对于科学家来说，那简直是不可想象的。

实际上，普朗克也对自己的新发现感到困惑，并怀疑自己是否只是偶然间发现了一种数学上的计算技巧，而不是真正的新物理规则。他觉得如果更深入地进行研究，可能就会发现这种技巧其实建立在现有的物理定律之上，一切都仍然符合经典物理学对世间万物的理解。但最终，普朗克和其他物理学家发现情况并非如此。从物理上讲，微观上能量的变化就是一份一份的，或者说，以**量子**的形式出现的，而不是连续的。至此，通过对金属发光的研究，普朗克在自己不知道的情况下，朝着我们现在所知的**量子理论**迈出了第一步。

在接下来的几十年里，物理学家详细地研究了量子这个概念，并且每一次有了新发现，都会验证小尺度上的物理规律与日常生活中的确定性的牛顿力学及运动学大相径庭。经过好几代科学家的努力，我们发现量子世界其实是由深奥的数学和不确定性所支配的。也许是这些概念太过抽象，以至于它们迟迟不能被我们理解。然而，一旦建立在新物理学基础上的实验探究开始涌现，科学界就迅速发生了剧变。如果没有量子物理，我们也许可以继续使用燃煤发电来为世界提供能源。但有了量子物理，我们就有了相当的实力去替代这些传统能源[1]。可以说，量子物理学为我们建立现代的科技世界描绘了一幅蓝图。

人们一直认为，无论是量子世界还是其他尺度的世界，都有着同样的空间背景舞台，并随着全宇宙统一的时间进行演化。但事实证明，这样的观念也面临着一场彻底的革新。

1　指原子能等新能源。——译者注

时空中的一束光

还有一位科学家对量子力学的诞生做出了巨大的贡献，他针对光和物质的本性提出了全新的见解。值得一提的是，尽管他对量子物理领域的发展发挥了重要的作用，但他其实并不认同当时大家关于量子世界抽象本质的共识，并最终成为了这一共识的反对者。直到晚年他还一直在与量子力学的头号拥护者争论[2]。不过，我们的故事提到他并不是因为这些事情，而是因为他把目光投向了遥远的太空，彻底改变了我们对太空的理解。这位科学家的名字叫作阿尔伯特·爱因斯坦。

爱因斯坦也对宇宙的基本性质感到好奇。不过他考虑的不是处于其中的原子和光，而是它们所处的空间和时间本身。在他的前辈们看来，空间和时间是平直且一成不变的，也就是说，时空是上演物理学的舞台——这是根据普遍的运动定律得出的结论。然而，爱因斯坦的想法改变了这一切。在被称为爱因斯坦"奇迹年"的 1905 年，他利用现在大家所熟知的思想实验的方法，探究了光的运动以及不同参考系下的观察者对光测量。

早在 16 世纪，伽利略就证明了运动是相对的。也就是说，你无法做任何实验（比如扔一个球或观察一只飞在空中的蜜蜂）来搞清楚你到底是坐在家里的椅子上，还是坐在一艘平稳驶过平静海面的轮船上（如果不看窗外的话）。如果有另一个人从**相对**你不同的运动状态对你进行观察，他肯定会注意到你的运动状态与他不同。然而，那个人的地位也并不特殊，因为他无法分辨出究竟是他在运动还是你在运动！如果你曾在坐车的时候，因为旁边车辆的向前移动而产生一种你正在向后移动的感觉，那么你其实已经感受到了运动的相对性。对伽利略来说，所有的运动都是相对的，没有绝对的运动。但是，伽利略那时并不知道光的本质，当然也不会猜到后来对光的研究会改变我们对运动的看法。

什么是光？苏格兰物理学家詹姆斯·克拉克·麦克斯韦在 19 世纪

---

2 这里的量子力学头号拥护者指的是尼尔斯·玻尔。——译者注

中期就回答了这个问题。他最开始是研究两个看似截然不同的概念——电和磁。他在理论上证明了这两种现象之间的深刻联系，即它们可以被统一在 4 个相互关联的方程之中。这个方程组是如此紧凑，以至于出现在各个地方科学迷的 T 恤上。那么这个方程组和光有什么联系呢？有这样一个冷笑话："上帝说，要有光！于是麦克斯韦就写下了他的方程组。"这说的就是麦克斯韦方程组在描述电磁现象的同时，也描写了光的运动定律。

麦克斯韦方程组

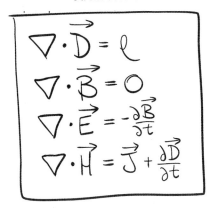

$$\nabla \cdot \vec{D} = \rho$$
$$\nabla \cdot \vec{B} = 0$$
$$\nabla \cdot \vec{E} = -\frac{\partial \vec{B}}{\partial t}$$
$$\nabla \cdot \vec{H} = \vec{J} + \frac{\partial \vec{D}}{\partial t}$$

麦克斯韦方程组的形式相当简洁，但它的威力十分强大，可以解释所有的电现象和磁现象。但麦克斯韦意识到，他的方程组中还包含着更深层次的东西。根据麦克斯韦方程组所描述，空间中充满着场，包括电场和磁场。正是通过这些场，电荷和电流才能由电磁力相互关联、吸引和排斥。

麦克斯韦意识到变化的磁场会产生电场，而变化的电场也会产生磁场，循环往复。方程组中没有任何项可以阻止这样周期性的变化，原则上这种周期变化可以像波一样在空旷的空间中传播。麦克斯韦验算了这些电磁波的移动速度，他惊讶地发现，电磁波的速度为 299792458 m/s，与光速完全相符。因此，麦克斯韦推断光的本质就是电磁波。

麦克斯韦的理论预言，除了我们能看到的所谓的可见光之外，一定还存在某些我们看不到的电磁波。通常来说，可以根据电磁波的波长来定义不同种类的电磁波。我们的眼睛能感受到的波长最短的电磁波是蓝色的光，它对应的波长大约是400nm。我们的眼睛能感受到的波长最长的电磁波是红色的光，它的波长大约是蓝光的2倍。麦克斯韦推断，可见光的光谱只是整个电磁波谱中的一个狭窄的窗口，在此之外，一定会存在我们眼睛看不到的波长更长或更短的电磁波。19世纪末，海因里希·赫兹和威廉·伦琴先后探测到了无线电波与X射线，这使麦克斯韦所预言的完整的电磁波谱得到了证实。

麦克斯韦的电磁学方程组取得了巨大的成功，但爱因斯坦认为，这个理论还有更深层次的东西等待被挖掘。爱因斯坦知道，根据电磁波的方程组，光在真空中的速度高达每秒300000km！但让他不解的是，理论并没有告诉他这个速度是相对于谁的。其他的物理学家曾提出，空间中充满了一种特殊的"物质"，电磁波在其中相对于它运动，就像海洋中的波浪一样。他们把这种无形的"电磁海"称为**以太**。然而，一切寻找以太的实验全都宣告失败，这表明电磁波的传播不需要以太这种介质，它完全可以在真空中传播。

爱因斯坦的天才之处在于，他推测光速相对于任何人、任何东西都是相同的，每个人测量光速都会得到同样的结果——300000km/s，这个数值是一个绝对的数值。但是，这在牛顿力学成立的宇宙中是不可能的，因为牛顿力学中所有的速度都是相对的，每个人都应该测量到不同的光速。举个例子，如果有人以稍微低于300000km/s的速度沿着一束光运动，他会看到这束光只比他快一点点，对吧？但爱因斯坦不这么认为。他觉得这个人仍然会测量到相对于他300000km/s的光速。显然，如果想让这种观点成立，必须要给出一些更底层的原理来支撑它。

之前人们接受的是一成不变的空间和时间的概念，现在这些概念必须被抛弃，用可变的时间和空间来取代它们。这样一来就可以让每个人都测量到同样的光速。然而，这将会导致每个人的时间都会以不同的速度流逝，每个人测量长度的标尺也会不同。不同的观测者再也无法就两点之间的距离或者某个事件发生的时间达成一致的意见！这一理论被称为狭义相对论，它的发表意味着爱因斯坦正在跳出旧物理学的体系，不过此时他还没有彻底完成这件事。

引力

爱因斯坦意识到，宇宙中占主导地位的引力不能被他的狭义相对论所描述。艾萨克·牛顿在 17 世纪确定了引力的数学公式，直到爱因斯坦理论出现之前，它一直都非常有效。但是在牛顿的公式，即所谓的**万有引力定律**中，引力的大小取决于有质量物体之间的距离，而在狭义相对论中，每个观测者对距离的测量都是不同的，那么问题来了，你会采用谁的测量结果来计算物体之间的万有引力呢？爱因斯坦花了 10 年的时间，终于提出了他对这一问题的解决方案——**广义相对论**。

爱因斯坦考虑在引力作用下自由下落的物体，进行了如下的思想实验。想象一下，有个人坐在一个房间里，周围都是日常用品，比如桌子、椅子、盘子、杯子、碟子等。如果整个房间都在引力的作用下自由落体，那么这个人和房间里的所有物体似乎都会失重地漂浮在房间的空气当中。爱因斯坦由此意识到，从自由落体者的角度看，引力实际上已经消失了！

爱因斯坦的思想实验促使他尝试将引力现象融入他的可变时空的猜想当中。这其中需要用到很深奥的数学，相关研究举步维艰。不过最后在 1915 年，他还是成功了。爱因斯坦证明，如果要将引力纳入相对论，那么时空就必须是弯曲的。一个物体的时间流逝速度和它自身标尺的长度取决于它相对于另一个有质量物体（或者说引力源）的位置。

引力与弯曲时空存在关联的结论是革命性的。很长一段时间以来，天文学家注意到，水星（离太阳最近的行星）实际的运行轨道有时会偏离牛顿引力理论对其路径的预测，而爱因斯坦的新理论就可以解释这种偏移。爱因斯坦的理论还预测，光在宇宙中传播的路径不是一条简单的直线，其在大质量天体附近会发生偏转。在 1919 年的一次日食中，天文学家真的就发现了这种**引力透镜**效应，这让爱因斯坦在国际上声名鹊起。

我们每天都在被爱因斯坦的相对论所影响，只是没有真正去思考它而已。例如，校正相对论效应引起的误差是 GPS（全球定位系统）中必不可少的一个环节，因为 GPS 依赖于同步的时钟网络。GPS 通常需要远距离地传递信息，所以它必须对时间和位置了如指掌。如果不考虑卫星时钟和地球时钟之间时空的相对弯曲，那么这些时钟上显示的时间将会是不准确的，GPS 将把我们导航至错误的位置！

不过，就我们的讨论内容而言，相对论最大的成功之处在于它对整个宇宙历史的描述。爱因斯坦是最早尝试推导描述宇宙的数学方程的科学家之一。在 19 世纪的时代背景下，爱因斯坦认为宇宙是静态的、不演化的，在这一假设下构建了他的宇宙模型。还有一位鲜为人知的俄罗斯数学家亚历山大·弗里德曼，他在 1922 年发表了他的宇宙模型，认为宇宙实际上是动态且演化的。从那时起，现代宇宙学这一门关于宇宙起源和演化的学科迅速发展了起来。之后，埃德温·哈勃的天文观测发现我们所在星系之外的所有其他星系似乎都正在**远离**我们，这意味着宇宙不仅在变化，它还在**膨胀**。同时，乔治·勒梅特推断，如果宇宙正在膨胀，那么它一定在过去的某个时刻存在开端，那就是宇宙诞生的时刻。他最初将这个开端称为"**宇宙蛋**"，不过很快这个开端就被赋予了一个新的名字——**大爆炸**。

两大支柱

到了 20 世纪中叶，人们在理解宇宙本质方面取得了重大进展，现代物理学的蓝图已被绘制出来。但问题是，这里有两幅截然不同的蓝图，它们彼此相差甚远。引力在爱因斯坦的相对论中被描述为时空弯曲的效应，而其他自然力——电磁力和亚原子力，则由象征着离散性的量子力学所描述。

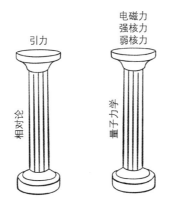

如果你拿起一本基础物理教科书，会更清楚地看到量子力学与引力的区别。书中与量子力学有关的章节明显不同于相对论和引力相关的章节。不同的章节会出现不同的人物，玻尔、泡利和薛定谔是量子力学的核心人物，而牛顿、爱因斯坦和史瓦西则出现在与引力有关的故事中。

如果你在任何大学的物理系走一走，同样可以感受到量子力学与引力的区别。你可能会在一条走廊中看到有关量子计算、先进材料或者超导体的会议海报——这些领域都处于量子物理的规则之下。而其他走廊里面可能装饰着宇宙学、暗物质、暗能量，甚至是早期宇宙的会议海报。在这些领域中，引力占主导地位，必须要考虑相对论的效应。虽然不同领域的物理学家可能会坐在一起边喝咖啡边聊足球，但就各自所研究的学科而言，他们似乎完全没有共同语言！

现代物理学所基于的两大支柱——相对论和量子力学看上去天差地别。相对论的数学公式被用来描述大尺度、大质量的行星、恒星和星系的物理学，而量子力学则统治着极小尺度的电子与其他粒子的世界。这两个领域看起来非常不同，如果你专注于其中一个领域，你往往会完全忽略另外一个领域。研究行星和彗星运动的天文学家可以只考虑引力场方程而忽略其他的一切。然而，试图用一个个原子构建量子计算机的物理学家，却可以愉快地忽略原子之间微弱的引力。

这两大支柱的分歧是物理学家的一块心病，也是他们寻求所谓的"万物理论"的动力。这是一种作为宇宙底层物理法则的统一理论。在本书的最后一章，我们将会介绍它，来看一看现代基础物理学中存在何种挑战以及它们有怎样的解决方法。

现代物理学中量子和引力的分歧无疑使我们在理解宇宙时面临更大的挑战。但这并不意味着现代物理学已经失败。在这两种理论能够共同发挥作用的地方，宇宙已经揭示了它最为深邃的秘密，这些秘密隐藏在宇宙的各个角落，从宇宙火热的开端到寒冷且无尽的未来。本书的目标就是探索这些秘密。

我们将畅游在宇宙的历史长河当中，探寻它的起源以及将其创生的力量。我们将揭示恒星的演化以及元素的形成，思考宇宙在其漫长而黑暗的未来将会面临什么。通过探索这些知识，我们会发现引力在大尺度上起主导作用，决定了宇宙的膨胀，并将物质挤压成为星球。但要理解宇宙，仅仅依靠引力是不够的，其他力的作用不容忽视。事实上，我们会发现量子力学无处不在，对宇宙的演化发挥着决定性的作用。

我们将看到，想要真正理解我们在宇宙中所处的位置，就不能将宇宙和量子脱离开来。

第一章

宇宙的量子起源

宇宙从何而来？

夜幕降临，群星将夜空照亮。每当我们凝视这璀璨的星空，很容易会有一种宇宙向来如此的感觉。但我们知道，这是一种错觉。在宇宙的历史长河当中，人类的生命与文明犹如昙花一现。从人类种植第一批作物、建造第一座城市开始算起，时间只过去了短短几千年而已。如果我们能够存在足够长的时间，跨越数亿年的时间尺度，就会看到，我们实际上是生活在一个不断演变的宇宙当中。

宇宙学是一门研究宇宙演化的学科。虽然人类从诞生之初就开始仰望天空，探寻它的奥秘，但宇宙学直到 20 世纪才成为一门真正的学科。望远镜为人类打开了太空的大门，揭示了一个比我们原本想象的更大、更丰富的宇宙。那光芒遍布天际的太阳只是银河系内数千亿恒星中的一颗，而银河系本身也只是我们强大的望远镜所能看到的数万亿星系中的一个。

当我们的望远镜能够越来越清晰地观察宇宙的模样时，另一场科学革命已悄然兴起。在 20 世纪初，爱因斯坦对他的广义相对论进行了最后的完善，推翻了牛顿引力理论近 300 年的统治。广义相对论提出的新的宇宙观将引力与时空的弯曲相关联，与牛顿的平直时空截然不同，但它又完全包含了牛顿引力理论对自然现象的预测能力，甚至可以给出更多的理论预言。在相对论的数学框架中，我们可以解释致密星、黑洞、虫洞以及时空本身的涟漪和波动。

相对论里面还隐藏着描述宇宙本身的数学公式。这是多么优美的一个宇宙啊！不过，宇宙并不像爱因斯坦最初设想的那样是静态不变的，而是动态的、不断演化的。20 世纪 20 年代，著名天文学家埃德温·哈勃通过望远镜观察到了宇宙正在膨胀，他看到星系彼此之间随着宇宙的膨胀而相互远离。

没过多久，人们就意识到宇宙膨胀的惊人含义——如果说明天星系之间会相距更远，那么昨天星系之间就应该相距更近。一直往过去追溯，星系之间的距离一定是越来越近的。在大约 140 亿年前的某个时刻，所有星系之间的距离变成了零，这就是我们今天能够判断的宇宙膨胀的起点。这一时间点的存在意味着宇宙在此诞生，没有更早的时间。

过去的宇宙由于物质都被挤在一起，一定要比今天的宇宙更热、更稠密。由此推断，在那个最初的时刻，宇宙一定非常炽热、非常稠密。著名天文学家弗雷德·霍伊尔将这个温度极高的开端命名为**大爆炸**。不过，一开始"大爆炸"是一个贬义词，因为霍伊尔无法接受一个存在开端的宇宙。在霍伊尔看来，宇宙虽然在膨胀，但它应当无始无终，这就是所谓的**稳态理论**。

尽管"大爆炸"最初是一个贬义的称呼，但这个概念仍存留了下来，而这种"宇宙诞生于有限久远的过去并膨胀至今"的想法，已经成为我们对相关天文观测结果的最佳解释。

虽然爱因斯坦的广义相对论让我们认识到宇宙曾经发生过大爆炸，但我们需要更多的物理理论，来描述一个极度炽热和稠密的宇宙中的复杂相互作用。除了引力之外，那时的宇宙还存在着物质基本组分（电子、夸克等基本粒子）之间的剧烈碰撞，这意味着我们不能忽视其他基本力，包括电磁力、强相互作用力还有弱相互作用力。在本书中，我们还会多次提及这些基本力，但现在我们只需要知道，这 3 种力的现象都是由量子力学的定律和语言所描述的。

在早期宇宙中，引力和其他力的地位不相上下。在描述宇宙时，量子力学和广义相对论都不可忽视，两者要被统筹兼顾。但其实我们不太清楚如何协调这两个不同的框架，让它们天衣无缝地结合在一起。

为了探索早期宇宙，我们必须以一种杂糅的方式将各种数学公式黏合在一起，来试图将 4 种基本力（引力、电磁力、强相互作用力和弱相互作用力）结合成为一个我们认为可能有效的体系。

把各种数学公式黏合在一起的方法不止一种，我们并不确定在宇宙最早期的极端条件下，还有没有哪种方法是对真实情况的有效近似。不过有一点可以确定，那就是如果不断往回追溯宇宙的历史，我们终将追溯到一个令这种拼凑的数学公式完全失效的时间点。在这一点，我们将束手无策，我们的物理理论就像是遇到了一堵墙，无法进一步探索。这使我们无法揭示宇宙的诞生机制，无法回答那个根本的问题——**宇宙从何而来？**

然而，我们仍然可以思考并想象这个问题的答案会是什么样子。不过在此之前，我们将不得不思考一下有关于"无"的问题。是的，说的就是什么都没有的"无"！最简单的"无"！

对"无"的思考

"无"是一个让物理学家和哲学家争论得热火朝天的话题。一种对"无"的理解是：一片没有任何物质或辐射的空间。这是一种比较简单的理解。但还有另外一种对"无"的理解方式，那就是连空间和时间本身都被剥夺了。第二种"无"很难想象，所以让我们只考虑第一种理解方式——空无一物的空间。

想象一下，你是一个在太空中行走的宇航员。你凝视着宇宙，可能会瞥见空间的虚无。凝视虚无可能会让我们感到生存焦虑，不过，一个来自量子物理的科学事实可能会稍稍给我们带来安慰。那就是，即使是空无一物的空间，它本身也会涌动着不断产生并不断消失的粒子，这被称为**量子涨落**。

粒子不断产生、消失听起来像是科学家想出的又一个奇怪的概念，让人摸不着头脑。但是量子力学的基本理论要求这种现象存在，尽管我们不能直接看到它，但我们可以测量它对我们周围世界的影响。

量子涨落这种现象，顾名思义，意味着转瞬即逝且变化无常，但这种现象一直以来都存在于这个世界，将来也一样存在。如果宇宙是永恒的，那么其中唯一保持不变的现象就是量子能量永不停歇地运动。然而，我们对量子涨落的理解是从不到 100 年前才开始的。

量子力学和量子涨落的研究起步于欧洲北海的黑尔戈兰岛上。1925年，理论物理学家维尔纳·海森堡为了躲避花粉病而回到他的老家德国，来到了黑尔戈兰岛。在这里，他为当时方兴未艾的量子理论构建了数学基础。在此之前，物理学家一直在努力用牛顿和麦克斯韦的数学公式去解释微观领域的最新实验进展，包括原子碰撞实验，还有将亚原子粒子束射向电场和磁场的实验。尽管牛顿和麦克斯韦的理论很成功，但这套完善的理论和科学定律（现在被称为经典物理学）无法解释新实验中的观测结果。

当时大家都知道，当我们把数字相乘时，乘法的先后顺序并不重要（当然现在我们也知道这一点）。$1 \times 2 \times 3 = 3 \times 2 \times 1$。但这个看似显而易见的数学公式并不能解释一些关于量子力学的新的实验结果。

$$A = \begin{bmatrix} 0 & 1 \\ 1 & 0 \end{bmatrix} \quad B = \begin{bmatrix} 1 & 0 \\ 0 & -1 \end{bmatrix}$$

$$A \times B = \begin{bmatrix} 0 & -1 \\ 1 & 0 \end{bmatrix}$$

$$B \times A = \begin{bmatrix} 0 & 1 \\ -1 & 0 \end{bmatrix}$$

海森堡的大胆想法是使用一种新的、抽象的数学工具，这种数学工具也拥有乘法，但相乘的结果取决于它们相乘的顺序——A 乘以 B 可能不等于 B 乘以 A。如果你是第一次听说这种数学，当然会觉得它很奇怪，但用如图所示的数组计算一下，你就可以验证这个结论。这样的数组被称为**矩阵**，海森堡的数学框架被称为矩阵力学。这也就是我们现在所说的量子力学。

　　海森堡以及当时的任何物理学家都不知道这种数学上的转变会导致什么结果。后来的研究表明，它导致了量子力学的一个非常神奇的特性，那就是我们永远无法精确地知道一个物体的所有信息，这就是现在所说的**不确定性原理**。这极好地印证了量子物理学的一个老生常谈的主题：数学公式表明我们的宇宙有一些奇怪的规则，但由于我们对宇宙运行方式的先入为主的偏见，我们还没有准备好接受这些规则。在这种情况下，量子物理学的奠基人之一——尼尔斯·波尔提出，不确定性原理要求我们抛弃"一个东西绝对存在"这种想法。

　　当物理学家谈论"东西"这个概念时，通常考虑的是一组具体的属性。例如一个球，有具体的形状、具体的颜色以及在时空中的具体位置。但根据量子物理学的不确定性原理，这些属性在量子世界中变得不可定义。也就是说，量子世界中的一个球不具有一组确定的属性。这意味着，无论测量精度如何，我们都无法通过实验来完全地确定物体的特性。

　　当我们想象抽象且不可感知的量子或粒子的世界，以上的问题似乎并不会困扰我们。然而，当我们把前面的结论推广到人类的尺度，我们的思想就会纠结起来。爱因斯坦曾沮丧地说："我倾向于认为月球就在那里，即使我不看它，它也在那里。"但这并不是说月亮不在那个位置了，而是因为"那个位置"，作为一个唯一、精确且具有明确定义的位置，不是量子物理学所允许我们定义的概念[3]。

　　3　爱因斯坦这番话的意思是，在量子物理学中一个粒子的位置是不确定的，在观察粒子的瞬间才会知道它的位置。如果把这个结论推广至一切尺度的物体，岂不是意味着月亮这样大的天体也会拥有不确定的位置？爱因斯坦不认同这种结论，所以说他认为不论他是否观察月亮，月亮应该就在那里。——译者注

在我们的日常生活或者更大尺度的天体运行中，海森堡引入的不确定性的影响其实非常小，根本无法被我们察觉。测量一个 60 ~ 70 千克的人的质量并不会受到微小的电子质量变化的影响。但在极小的尺度下——原子和电子的微观世界中，不确定性以及它所导致的所有效应会占主导地位。如果连真空中的最低能量都因为不确定性而无法定义为确定的数值，那么其他地方的能量的不确定性会更大，可能表现为任何数值。由于能量无法定义，也无法被预测，因此它的数值会有涨落。

正如爱因斯坦所说，根据著名的物理方程 $E=mc^2$，能量和质量是直接相关的。能量的涨落表现为粒子（质量）的不断产生和湮灭。我们想象有粒子自发地成对产生，出现了一个粒子和一个反粒子（后面我们会进一步探讨粒子和反粒子，但现在，只需要知道这两种粒子在产生后会很快重新结合并湮灭）。然而，与其他粒子的相互作用会影响它们的相互湮灭。这样一来，大家就会看到"真实的"粒子出现了。

物理学家通常把这些量子涨落称为虚粒子，因为它们的寿命很短，在消失变回真空之前只能短暂地存在。但当某些相互作用中断了这种产生 - 湮灭的循环时，虚粒子就可以变成真实的粒子。这将导致一系列有趣的现象。也许其中最有趣的现象就是我们本章所关注的问题——作为粒子的宇宙从真空（或者说"无"）中自发诞生的可能性。

说出"无"这个字只需要花费你很短的时间，但即使是这么短的时间，放到早期宇宙的时间尺度上也会发生很多事情。按照我们目前的理解，宇宙历史中的第一个时期大约只持续了 10^{-43} 秒。也就是小数点后有 42 个 0 然后跟一个 1：

0.000000000000000000000000000000000000000001

短到难以想象的一小段时间，我们能用什么来与之相较呢？或者说，作为人类，我们如何能感受到如此之小的时间尺度？答案是令人沮丧的——我们根本做不到。这个时间比我们目前的任何物理学理论所能理解的时间尺度都要短得多。

即使我们不能详细描述宇宙诞生的第一瞬间发生的物理事件，我们目前的理论仍然能够为我们提供一些线索。毕竟，不论那个最终"正确"的理论是什么，它都必须在一定近似下与我们当前的理论保持一致，至少在当前理论的适用范围内要保持一致。想象在人们认识到地球是一个球之前，绘制了一幅平面世界的地图。后来即使最终确定世界是一个球，并不会立刻使原来的地图全部失效。关注地球上面积越小的一块地方，它的地图就越贴近现实——平面的地图和真实的地球在这种情况下是一致的。类似地，爱因斯坦的广义相对论在弱引力的情形下必然退化为牛顿引力，而量子力学在描述大尺度的物体时也会退化为牛顿的运动学。

因此，我们目前的理论可以对研究宇宙诞生有一些指导意义。或者，用听起来不太合适的话来说，当你手上只有一把锤子时，身边的一切看起来都像钉子。我们的锤子就是不确定性原理，而钉子则是宇宙创生的问题。

宇宙的无中生有

1973 年，物理学家爱德华·P. 特莱恩在《自然》杂志上发表了一篇题为《宇宙是从真空涨落中诞生的吗？》的论文。从那时起，越来越多的研究开始设想宇宙是以真空涨落或量子涨落的形式诞生的。也许，我们的宇宙是由先前就存在的另一个宇宙中的量子涨落诞生的，所有的粒子和能量都从一片黑暗之中迸发出来。但是，我们的宇宙，包括空间和时间本身，能从真正的"无"中以涨落的形式诞生吗？

如果读者曾经参加过冥想课程的话，应该会知道冥想的第一课通常是静坐，其他事都不做。这个很容易做到。但接下来的第二个任务就是放空自己，什么都不想。这比第一件事要难得多。为什么把思想变成"无"会这么难呢？虽然量子物理经常要和"无"打交道，但了解一点量子物理并不能让放空思想变得更容易。现在让我们尝试想象一下什么都没有的"无"。用物理的话说就是没有空间、时间、能量等。不过首先，"没有能量"这个概念就很模糊，因为能量可以是正的也可以是负的。这样的话其实"无"听起来更像是能量为零。那么我们的物理理论怎么理解这样的"无"中会发生什么呢？

根据不确定性原理，量子涨落的存在表明，我们所熟悉的零能量概念是有局限性的。我们所能想象的事物不可能有精确且恒定不变的零能量。根据量子力学，能量作为一个物理量并没有一个从一开始就被确定的值，它的值会随我们的测量而存在涨落。然而，我们可以定义这些涨落的平均值。如果正负涨落达到均衡，那么这个平均值就可以为零。

抛硬币的结果							
赌徒的一号账户	$1	$0	$1	$0	-$1	-$2	-$1
赌徒的二号账户	-$1	$0	-$1	$0	$1	$2	$1
总额	$0	$0	$0	$0	$0	$0	$0

要理解零平均值是怎么统计的，一个有用（尽管过于简单）的类比就是一个赌徒在为掷硬币下双头赌注。这个赌徒的行为很奇怪：他针对同一次抛硬币的行为在两个独立的庄家分别下注。对于第一个庄家，每次抛掷结果为正面就算赌徒赢。而对于第二个庄家，每次掷反面就算赌徒赢。这种双头赌注确实毫无意义，对吧？每掷一次硬币，赌徒就在其中一个庄家那里赢一次，同时也会在另一个庄家那里输一次。两者相抵消，净收益或净损失就是零。一直这样赌下去，其中一个庄家欠这个赌徒的钱就会有涨落，但这与另一个庄家从赌徒那里赢钱的涨落相同。所欠与所得总会相互抵消。

这个赌徒的金库就类似于一个零能量的宇宙。在我们的宇宙中有大量的能量是可以被看到的，根据 $E=mc^2$，所有的有质量的粒子都具有一个不可忽略的能量。除了这种正能量，宇宙中还有负能量。事实上，有质量物体之间的引力所储存的引力能，即**势能**，就是负的。这可能听起来有点奇怪，但这在物理学中有准确的含义，即我们必须输入能量才能将两个有质量的物体拉开。如果我们把整个宇宙中所有的正能量和负能量加起来，它们可能会相互抵消，然后我们就得到了一个零能量的宇宙！

宇宙由于量子涨落而从无到有创生的这种想法，与无数关于宇宙创生的哲学理论相比，是相对比较有新意的。在爱德华·特里恩于 20 世纪 70 年代初提出这一观点之前，人们对宇宙创生问题的唯一的共识就是——认为这个问题不可能有科学上的共识。人们普遍认为大爆炸之前发生了什么是一个不可回答的问题，至少科学不能回答。如果不考虑量子力学的话，这个问题几乎是无法解决的。只有考虑到一个大统一理论的潜在的量子特性，我们才能对**"为什么宇宙中有物质，而不是一片虚无？"**这个问题提出可能的解决方案。

零能量是万全之策吗？

宇宙从没有空间和时间的真正的虚无中诞生，这是一种相当简洁的想法，似乎解答了一切谜题。可以说任何关于宇宙起源的问题都很可能被归因于"从无到有"。尽管这就像是一个沮丧的家长面对孩子没完没了的提问而敷衍道"就是因为这个"。

从无到有的宇宙的零能量需求使这一想法更加简洁，使得海森堡说的"宇宙可以永远存在"这件事情变得显而易见。从无到有的宇宙似乎能解释一切，皆大欢喜！但要说明的是，不是每个人都接受这种观点！虽然这种想法看起来很简洁，但"从无到有"的假设对许多科学家来说是难以令人接受的。常识对于我们理解极小尺度和极大尺度的科学原理具有误导性，因为它总是告诉我们，一定存在比宇宙诞生的最初时刻还要早的"之前"，在那时一定发生了什么最终导致了宇宙的形成。但是，比时间开端更早的"之前"，到底意味着什么呢？

事实上，大多数天文学家并不满足于从无到有的宇宙起源理论。几十年来，一直都有天文学家在探索其他可能的解释。但是，无论他们多么专注于广义相对论的场方程，都无法在那里找到解决方案——除非对爱因斯坦的基本思想做一些根本性的改变。那么天文学家是怎么做的呢？他们再次把目光投向了量子力学。

部分天文学家认为，也许宇宙起源的解释并不在于量子涨落，而在于统一引力和其他基本力。实际上这仍是一个尚未解决的问题，所谓的"万物理论"在今天似乎和几十年前一样遥远。然而，物理学家都很聪明，他们有很多方法可以将量子力学和引力结合在一起，尽管结合得并不完美，但至少是一种近似。我们不知道这种近似是否正确，也许它是正确的，也许我们的猜测将我们指向了正确的方向。

正如你能想到的，物理学家构建了许许多多种可能的理论来将所有基本力统一在一起，学术期刊里面满是各种各样的想法。然而，在我们搞清楚真正统一量子力学和引力的理论之前，仅靠量子力学也有几种方法可以解释宇宙的诞生。

也许，在宇宙的最初阶段（至少我们现在认为那是最初阶段），所有基本力的地位相同，引力并不会比其他力更重要。这与当今的宇宙大不相同。在当今的宇宙中，引力主导着大尺度的事物，而其他力只在小尺度上起作用。在宇宙的早期阶段，也许量子力学才是真正主导宇宙的规则，而引力的作用则很小。这种想法可以防止宇宙无限挤压从而导致无限的密度和温度的**初始奇点**，与标准大爆炸模型中的宇宙诞生图像大相径庭。

如果没有无限挤压，我们宇宙的时空可能会与其他的时空结构存在关联——也许是存在于我们宇宙之前的其他宇宙的时空。当然，我们并不知道之前的时空与我们的时空是如何关联在一起的，但我们可以猜一猜。有些理论认为我们的宇宙诞生于前一个宇宙中的黑洞，还有些理论认为在一个被称为多元宇宙的巨大的高维超空间中，死亡已久的宇宙相互碰撞产生了我们的宇宙。还有很多其他的理论，有些听起来比这些更加疯狂。在我们找到真正的万物理论之前，还会有更多疯狂的理论被提出。

　　关于宇宙诞生的介绍至此就告一段落了，因为我们还有更多的内容需要介绍。到目前为止，我们的内容只涵盖了宇宙存在第 1 秒内的时间最短的那一部分，后面还有近乎无限长的时间等待我们去探索。我们必须继续前进，走向未来。

　　也许我们的宇宙真的是从一片虚无中诞生的，从我们努力理解的真空量子涨落中诞生的。也许量子力学还可以提供一种不同的解决方案，认为宇宙起源于无限密度、无限温度的奇点。在奇点之前，也许宇宙还存在着一整个我们尚未想象到的过去。不过现在我们要进入宇宙的下一个阶段了，从宇宙诞生之时跨越到结构形成之时。我们将看到，在宇宙的隐秘之处，量子力学仍在发挥着至关重要的作用。

宇宙为何如此平滑？

宇宙浩瀚无垠。由于光速有限，望远镜所看到的在空间上与我们相隔很远的事物，在时间上其实也间隔得相当久远。因此，天文观测可以揭示宇宙的大部分历史，一直可以追溯到大爆炸后的几十万年。

为什么我们看不到大爆炸本身呢？在宇宙存在的最初几分钟里，也就是第一个原子核形成后的几分钟，宇宙仍然非常热，电子在物质和辐射的"热汤"中剧烈运动。这些高速电子运动得太快，以至于无法与原子核相结合来形成我们现在所熟知的原子。也就是说，在极早期的宇宙中没有原子，取而代之的是充斥着整个宇宙的**等离子体**。在等离子体中，光子会与自由电子频繁碰撞，使得光无法传播很远的距离，因此整个宇宙在那时是不透明的。在经过了大约 38 万年之后，宇宙变得足够冷，电子的速度也变得足够慢，才足以被原子核所捕获并束缚。从那时开始，光可以在宇宙中自由传播而几乎不会撞到自由电子——宇宙变得透明了。

从宇宙变得透明开始，光才可以自由地在宇宙中穿梭并到达我们的望远镜。但是，假如我们试图观察更早的宇宙，想要去了解那个不透明的时期，就会像试图透视一面砖墙一样，是难以做到的。

使电子在宇宙早期保持高速运动的能量来源是——与大量高能辐射的碰撞，包括高能伽马射线、X 射线、紫外线以及大爆炸本身留下的辐射。如果任何电子被原子核捕获形成原子，那么肆虐辐射当中的某个**光子**（光的粒子）就会不可避免地与这个原子发生碰撞，并再次将电子从原子中剥离。

正是宇宙的膨胀使这些光子从高能状态中冷却下来。随着光子的能量变低，它与电子的碰撞逐渐减弱，因此电子的运动变得缓慢。最终，辐射的能量低到不足以将电子从原子中剥离的程度，第一个稳定的原子才可以真正形成。此后，这种辐射继续冷却，它们不再与原子发生相互作用，但始终潜伏在宇宙的背景当中。我们今天仍然可以看到这种辐射，只不过现在它们已经从宇宙大爆炸的极端高温冷却到了绝对零度以上几度。这种辐射在今天已不再是高能的光子，而是更加接近电磁波谱当中的无线电波，被称为**宇宙微波背景辐射**。这是我们能看到的最古老的光。

为什么可观测宇宙有如此之大的空间尺度，这与它经历了将近 140 亿年的膨胀历史有关。当天文学家真正开始理解宇宙的膨胀时，他们发现宇宙的一些特性令人困惑——无论向哪个方向看，天文学家在望远镜中看到的恒星和星系基本上都有相同的分布。

在北半球放置一台望远镜，将其随机指向天空中的一片区域。你看到了什么？在比较近的宇宙中，你可以看到银河系中的一个个恒星，而当你看得更远时，看到的恒星会越来越暗。然后你会看到其他星系，如果距离不太远，它们会显得很大。但更多的星系明显更小，并且正在形成的星系更少，这是因为光以有限的速度传播，你看到的都是过去的它们。最终，你会看到一些在早期宇宙中形成的微小的星系，它们数量非常少，发出的光已在宇宙中传播了数十亿年。如果你的望远镜能接收到无线电波，那么你就能捕捉到宇宙微波背景的余晖。

在南半球用望远镜重复以上的实验，指向与北半球相反的方向。你在这里看到了什么？同样，你也会看到银河系中的恒星，与你在北半球看到的恒星相似，只不过排列的图案和星座与北半球不同。这是意料之中的，因为我们就生活在银河系的深处。在银河系的恒星之外，你可以看到很多其他的星系。同样，这些星系不是在北半球看到的那些，但相比之下，它们的大小、形状都非常相似。当你看向更深远的宇宙，你会看到更少的星系，然后再远一些，你会看到婴儿星系，再然后，你就会碰到宇宙微波背景这堵不可穿透的墙。你会发现，虽然细节不同，但这台望远镜在南半球的总体视图与在北半球看到的非常相似。宇宙看起来处处都是相似的，非常平滑。

事实上，不管你把望远镜指向天空的哪一个方向，你看到的基本上都是一样的。这非常奇怪！为什么说奇怪呢？因为你通过望远镜观察到的不同方向上的宇宙区域之间可以相距非常远，甚至间隔几十亿光年。这些区域之间应该始终都是相互独立的，互不影响。那么，究竟为什么天空中一个方向上的遥远宇宙，看起来与另一个方向上的遥远宇宙如此相似呢？难道它们不应该以稍有不同的方式开始，并以不同的方式演化，从而在今天的我们看来非常不同吗？

也许，宇宙中所有的地方在一开始都几乎相同？所有区域都经历了类似的演化过程？不过天文学家并不喜欢这个想法，因为这意味着宇宙的初始状态必须要被**精细调节**，以使得任何区域都是相同的。这种精细调节的假设是不可取的，因为这显得十分特殊，天文学家对使用特殊条件来解释观测结果往往持怀疑态度。当然，宇宙的诞生的确有可能是特殊的，有一个未知的过程导致了它的诞生。这是一个我们不理解的过程，它要求宇宙在任何地方都是平滑且相同的。

有没有另一种方法，一种物理的方法，可以使最初的宇宙变得平滑？有没有一种方法能让今天宇宙中的每一个地方都如此相似？

能量之山

答案是肯定的，但要理解如何做到这一点，我们必须绕一点弯路。让我们先想象一个山脉，有高峰也有深谷，从上往下最后止于大海。再想象一下把一个小球放在其中一座山峰上，它会去哪里？显然，它会滚下山谷。同时因为摩擦的存在，它的能量将会被消耗，使得小球本身和山体的温度稍稍升高。最终，这个小球将下降到它所能到达的最低点。当球所处的位置更高，例如在一座山峰上，它就会具有更多的**势能**。而当球落下时，势能就会转化为动能，动能最终又会转化为热能。这就是宇宙最普遍的规律——势能最终会变成最小值，而消耗的能量最终会变成热能。你可能听说过，这就是**热力学第二定律**。

　　就我们的例子而言，海平面是势能的最低点。那么，为什么在这种情况下，小球是落入山谷，而不是落入海洋中呢？毕竟，它还有更多的势能可以流失。这是因为，虽然海洋是整体上的势能最低点，但每个山谷都是**局部的**势能最低点，至少在这个位置周围是这样。这种位置被称为**稳定平衡点**。具体到一个处于山谷中的小球，我们可以说小球的**状态**是稳定的，因为小球就停在那里。然而，在山谷之外的任何其他地方，小球的状态就不是稳定的了，它可以向别的地方滚动。如果想要把小球从山谷中弄出来，就需要给它足够的能量来使它滚过最近的一座山峰才能实现。这种从一个稳定状态到另一个稳定状态的转变需要"催化剂"，也就是说需要为小球注入能量才能将它从稳定的位置上移走。

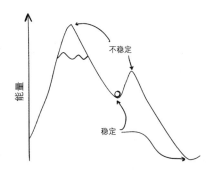

　　上面这幅图是很有用的，每当我们谈及能量以及它从一种形式转化为另一种形式的方式时，这幅图都需要被我们牢记在心。其实，我们对在山上滚动的小球并不感兴趣。小球只是代表我们感兴趣的其他东西，山峰代表的是这个东西所具有的势能，位置代表的是状态，而这里的"状态"仅仅是指我们对这个东西所有信息的总结。这幅图的一切都遵循我们的直觉，似乎暗示着我们又在谈论经典物理学。但我们应当期待将它转变为一个量子的版本！

　　在发展量子理论之初，精于数学的物理学家很快就利用量子物理学的初步成果，来填补了经典物理学留下的知识空白。为了适应新的范式，理论的进步体现为对经典理论的修正。这个过程被称为**量子化**。量子物理学的开创者可以说是对牛顿的物理学（运动定律以及物体对力的响应）进行了量子化。但是对于电动力学的麦克斯韦方程，一开始并没有成功将其量子化。将电动力学量子化需要强大的数学工具[4]。而这些数学工具的运用揭示了在微观上可能存在新的物理力——弱相互作用力和强相互作用力。

这些力被总结在了所谓的标准模型当中。这个相当无聊的名字包含了极为有效的数学方法，让我们能够精确地计算每种力的行为。标准模型还描述了与每种力有关的粒子，它们是能量的量子波包，作为传播每种力的媒介。不幸的是，标准模型附带了很多专业术语，不过我们将很快介绍这些术语。

先概括地介绍一下标准模型吧。有 4 种传播力的粒子被归为所谓的**玻色子**，这是以印度物理学家萨特延德拉·纳特·玻色命名的一类粒子。4 种玻色子分别是传播电磁相互作用的**光子**，传播原子核内强相互作用的**胶子**，以及被赋予了神秘名称的 W 玻色子和 Z 玻色子，这两种玻色子负责传播弱相互作用力，这是一种导致原子核放射性的作用力。除了这些，标准模型中还有希格斯玻色子，它可能是最著名的一种粒子，因为它与所有粒子获得质量的过程有密切联系。

除了传播力的玻色子，还有 12 种组成物质的粒子。它们被称为**费米子**，以意大利物理学家恩里科·费米的名字命名。其中包含 6 种夸克，它们是参与强相互作用的粒子，分别被命名为**上夸克**、**下夸克**、**奇夸克**、**粲夸克**、**顶夸克**以及**底夸克**。它们作为物质的基本构件，以各种方式结合在一起，我们比较熟悉的质子和中子就是由它们构成的。

4　这里的数学工具是指量子场论。——译者注

另外 6 种费米子是轻子，包括电子以及它的两个质量递增的"兄弟"，称为 μ 子和 τ 子，还有 3 种被称为**中微子**的粒子。我们将在本书后面的部分详细介绍它们的特性。

这个标准模型当中还缺失了一个重要的部分——引力。到目前为止，引力还没有被量子化，当然这并不是因为科学界没有尽力！现在已有许多试图将引力纳入标准模型的理论，一些物理学家已经用他们的整个研究生涯来研究这个问题。但新的量子引力理论一个接一个，它们中的大多数都因为难以被实验验证而逐渐没落。

探索新量子理论的实验场所是令人激动的理论物理研究实验室——**粒子加速器**，例如位于瑞士和法国边境的欧洲核子中心（CERN）的大型强子对撞机。在这些加速器中，粒子被尽可能加速到接近光速并对撞在一起。对撞会产生大量的新粒子。在过去的 60 多年里，这些实验为我们带来了种类繁多的没有见过的粒子。越来越大型的对撞机继续被建造，来寻找假想中的甚至是从未设想过的粒子。其中一些要寻找的粒子是构成宇宙基石的能量场的标志粒子，最有名的就是希格斯玻色子。

现在回过头看"为什么宇宙看起来如此平滑"的问题，它的一个潜在的解决方案就是引入另一个被称为暴胀场的能量场。相关的粒子，也就是被称为**暴胀子**的粒子，至今仍然是假设的，它只存在于早期宇宙当中。我们今天探测不到它，暗示着在早期宇宙中一定发生过某些相当震撼的事情，可能是整个宇宙历史中最震撼的事件。但在我们接着探讨之前，让我们回到能量之山。

在经典的能量之山上，山谷是稳定的地方。一个状态要么稳定，要么不稳定——是绝对的。但在**量子**的能量之山上，稳定是相对而言的。回顾我们的能量之山图片，海平面是势能最低点。在量子物理学中，这被称为**真空态**。当小球从一座山谷离开时，它的动能类似于量子激发，表现为粒子。因此，当没有粒子存在时，与特定类型的力有关的能量将停留在山谷中，而当粒子存在时，能量将沿着山丘移动。经典物理学中的一个小球可以被困在山谷中，永远停留在那里，并永远不会到达大海——它的真空态。但在量子物理学中，运动和位置都是不确定的，有趣的事情出现了——自发的量子涨落可能会导致所谓**相变**的出现。

对称性破缺——以水为例

现在，我们讨论的事情越来越复杂了，又引入了新的量子物理术语，例如，前文提到的"相变"是什么？答案就在一杯水中。想象一下，杯中有一些水，如果我们把杯中的水换成另一些水，它们看起来还是同一杯水吗？几乎可以说看起来是同一杯水，因为水是很均匀的。它有一个被物理学家称为**对称性**的特性。但是，如果我们将水冻成冰，那么一个冰块和另一个冰块之间看起来就会有不同。实际上，每次我们把水冻成冰，产生的冰块看起来都有细微的不同。

如果你家里有一台冰箱，里面有一个盘子，盘子里有很多块冰块，你可以把冰块挨个拿起来检查一下。每个冰块里面都有不同的气泡、裂纹和其他瑕疵。如果将冰块的一部分替换为另一个冰块的一部分，冰块就会与之前明显不同。我们把这种特性描述为：把水冻成冰后，冰的对称性不如水的对称性高。如果我们是将水加热而不是将它冰冻，情况就会与之前相反。水蒸气会比液态水更加均匀。一般来说，一个东西越热，它就越均匀，原因与能量密度有关。

你可能对这些内容感到熟悉，你可能学过有关物质的**相**的概念。每种化合物，例如 H_2O，都能够以固态、液态、气态的形式存在。对于 H_2O，这些态就是冰、水和水蒸气。这些态被称为物质的**经典相**。如果考虑到量子物理，就会有更多种类的相，我们称其为物质的**奇异相**。量子态和它们的相是没法简单直观描述的，但当它们从一种相转变为另一种相时，过程是非常快的，就像水变成水蒸气（水分子之间相互逃逸）或者水结成冰（水分子之间相互锁定成晶体）一样快。

现在回到我们可靠的能量之山，海平面就像是非常寒冷的冰——H_2O 的最低能量的经典相。位置高一些的山谷就像是具有更多能量的液态水，而位置更高的山谷则与水蒸气相当。当我们加热冰的时候，就会让它越过山峰进入象征着液态的那座山谷。而如果我们给它提供更多的热量，就会使其越过更高的山峰进入象征着气态的那座山谷。

反过来则不那么明显。让我们从液态水开始讨论，将它保持在0℃（32 ℉）以上，意味着它可以在自己的液态山谷周围来回晃动。现在，我们降低周围环境的温度，使水的能量损失了，但这只意味着水在其液态山谷中越来越平静。它是如何越过山峰到达象征着固态的海平面的？

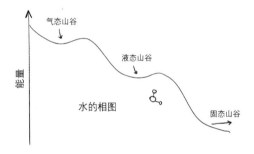

答案是它没法变为固态。不论温度降到多低，不借助其他东西的话，水就没法变成固态。这是可以尝试在家里验证的结论。取一瓶纯净水，放入冰箱。我们预计，当温度低于0℃时，它会结成冰，这是在常见的含有杂质的物质中会发生的现象，因为这些杂质可以作为凝结核让水从它们周围开始冻结。但是对于纯净的水，没有杂质，水就不会结冰！你可以在冰箱里找到 −18℃的液态水（或 −0.4 ℉，这是冰箱冷冻层的典型温度）。实际上，如果你足够小心，你可以制造出温度更低的液态水，最低大约可以低至 −50℃（−58 ℉）！这就是被困在液态山谷中的**过冷水**。对于含有杂质的水，它的能量图景中的山谷不那么明显，将它冷却，它就会从能量之山上一路滑下去，而不会被困在任何山谷之中。

对于 −18℃的过冷水，给它一个最小的不对称性，比如轻击瓶子的侧面，就会引发连锁反应——水会从它的势能之山上滚落下来，向周围释放能量，直到它到达一个新的能量低点。

现在让我们来想象一些更加抽象的事物，假设有一种比水的热能更加难以形容的新形式的能量，它与时空存在耦合，从而使得宇宙空间本身膨胀。在高能量的状态下，它将导致空间极快地膨胀，这被称为**暴胀**。类似于过冷水的液态山谷，暴胀这种状态可以理解为宇宙处于高能的暴胀山谷中。然后就像过冷水会因为一个小扰动而冻结一样，宇宙也会出于一些原因——可能是量子涨落而发生相变，这意味着我们会从暴胀山谷中离开，从山上滑落至真空态。在这个过程中，一种被称为暴胀子的粒子就会产生出来。

前面说过，对于今天的宇宙，广义相对论在大尺度上起主导作用，量子物理在小尺度上起作用。而在早期宇宙中，尺度却颠倒了过来。在我们所描绘的图景中，量子物理在最大的尺度上主导着宇宙，这导致了名为"暴胀"的宇宙学大事件！通过将量子物理和广义相对论以这种方式结合，数学方程揭示了一种不可思议的极速膨胀过程。在暴胀状态下，宇宙空间中的每一个区域，即使它们相距不远，它们之间也会以极快的速度相互远离，甚至可以比光速快得多[5]。

虽然暴胀只是一个极端事件，但它的确很好地解释了为什么宇宙看起来如此均匀。在暴胀之前，宇宙是非常炎热和稠密的，而且可能是完全混乱的，即使是空间中两个相距很近的位置，可能都具有完全不同的情况，即在这沸腾的"海洋"中叠加着量子不确定性所要求的微小涨落。当暴胀发生时，宇宙的能量朝各个方向扩散，其中一个很小的区域扩张开来，演化至今天，成为了比整个可观测宇宙还要大的区域。最终导致在我们观测到的宇宙中任何位置的能量密度都是相同的。

5　宇宙膨胀时，宇宙中两个位置相互远离的速度正比于它们之间的距离，比例系数被称为哈勃系数，速度＝哈勃系数 × 距离，暴胀时期宇宙和现在的宇宙的区别在于暴胀时期的哈勃系数非常大，以至于相距不远的两个位置之间也能够超光速地相互远离。——译者注

暴胀是一个非常令人信服的理论，以至于你拿起任何一本现代宇宙学的教科书，里面多多少少会涉及宇宙暴胀的讨论。就像阿加莎·克丽丝蒂的悬疑小说中的侦探一样，暴胀似乎揭晓了许多悬念，解决了宇宙学在实际观测中遇到的疑难。无疑，这是现代宇宙学思想中最伟大的成就之一。

一种黑暗而神秘的物质

虽然暴胀似乎很好地解释了已观测到的宇宙，但它还不是一个完整的理论，因为还有一些未了结的问题需要被妥善解决。首先，是暴胀子本质的问题。它从哪里来，又去往了何处？然后，暴胀子在今天的宇宙中仍起作用吗？一些科学家认为，暴胀子已经演变成了宇宙中的另一种力，即**暗能量**，我们会在后面讨论这种力。目前，我们只能说暴胀子演变为暗能量的这种理论仅仅是猜测。

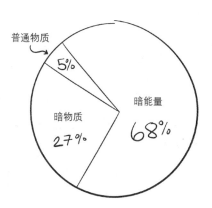

验证暴胀理论所遇到的一个挑战是——我们缺乏暴胀时期的直接观测证据。你可能会对此挠头：我们在这个故事开始的时候问了一个问题，为什么宇宙在各个方向看起来都是一样的，这不就是暴胀的直接证据吗？

确实是直接证据，但它并不是决定性的证据，因为不排除宇宙从一诞生就是平滑且各处相同的。对于其他依赖于暴胀概念的假设也是如此，从**磁单极子缺失问题**到**平坦性问题**，我们现在不对这些概念做详细讨论，但你可以在网络上搜索它们。事实上，当前所有可以作为暴胀证据的观测结果都可能是因为宇宙本来就是那样，而可能不是由暴胀导致的。

当在科学领域有相互冲突的观点，且它们都能够很好地解释同样的观测结果时，科学家们不得不仔细考虑。首先，他们必须深入思考："哪种观点更有可能成立？"为了实现暴胀，我们必须引入一种完全未知的粒子——暴胀子。它出现于宇宙诞生之初，彻底地改变了宇宙，然后很快消失。这可能与早期宇宙的复杂物理过程有关，暴胀子让宇宙从极高的温度冷却了下来。但同样，其中的一些观点更多是猜测，而不是科学。

对于另一种观点，也就是"没有发生暴胀，宇宙从诞生就是这样"，我们必须设想，宇宙诞生的过程恰好做到了让宇宙中的每一处都完全相同——密度和温度完全相同，粒子和辐射的成分完全相同，膨胀方式也完全相同，在每个方向上都是均匀的。正如我们之前所说的那样，科学家不喜欢这种对宇宙的精细调节，因为不同位置之间特征上的微小差异或者说涨落似乎不可避免。实际上，我们现在不知道宇宙是如何形成的，也不知道决定宇宙特征的物理机制，所以不敢排除宇宙就是以这种处处完全相同的方式诞生的。

那么科学家要如何判断哪个理论是正确的呢？答案是需要更多的观测证据——可以区分这两种观点谬误的观测证据。天文学家正在寻找一个决定性的信号，即宇宙中的原初引力波，来判断宇宙各处如此相似是否由暴胀所致。如果暴胀的确是对早期宇宙的正确描述，那么在不久的将来，我们可能就会找到决定性的证据。

在我们结束这一节之前，还记得存在于暴胀之前的那些微小的量子涨落吗？它们也在快速膨胀时期被急剧放大。如果暴胀理论是正确的，那么这些涨落就会在暴胀之后嵌入宇宙的物质分布当中，成为宇宙物质密度的平滑背景上的涟漪。正是这些密度上的微小差异——相对于平滑背景上仅仅万分之一大小的涨落——作为种子，才让物质在引力的作用下聚集到我们周围的星系、恒星以及行星当中。如果没有这些种子，那么现在的一切，包括你、我、地球、太阳以及银河系都将不复存在。我们能够存在于此都要归功于量子的作用。

宇宙中为什么会有物质？

显然，宇宙中有物质，数不清的物质！它们主要聚集在恒星、行星以及星际岩石之中。同时也有不少物质以气体的形式分布在恒星和星系之间，遍布整个宇宙。物质的存在是显而易见的，但宇宙中为什么会有物质？

这似乎是一个毫无意义的问题。确实，宇宙中显然有物质。如果宇宙中没有物质，我们就不会在这里问这个问题了。就我们对宇宙基本组成的理解而言，物质的存在对我们的理论来说是一个巨大的挑战。为了理解物质存在的原因，我们需要考虑宇宙在暴胀刚刚结束时是一种什么样的情形。

当暴胀刚刚结束，暴胀子的能量被释放回宇宙，转移到构成我们周围所有物质的基本粒子和辐射当中。那时的温度是如此之高，以至于不存在我们所熟悉的物质结构，只存在最基本的物质组分——夸克、电子和超高温的光子。我们目前所了解的物理定律告诉我们，这"锅"基本粒子的"热汤"中应当包含等量的物质和反物质。电子与它带正电的反物质兄弟——正电子应当协同产生。

20 世纪 20 年代，理论物理学家保罗·狄拉克预测了反物质的存在。狄拉克原本是想将量子力学与爱因斯坦的狭义相对论结合起来，以理解电子的性质。他的方程给出了两个解，一个解带负电，他知道这代表了电子；而另一个解带正电，除此之外的一切性质与电子相同。狄拉克不知道这是怎么回事，一开始怀疑自己是否意外地将更重的质子（一种最常见的带正电粒子）写入了他的方程。不过不久之后，一种带正电的电子（现在被称为正电子）在实验中被探测到。此后，科学界意识到了每一种物质粒子其实都对应一种电荷与之相反的反粒子。

　　除正负电子之外，在早期宇宙的"热汤"中还包含着其他的粒子——被搞怪地命名为**夸克**的粒子以及它的反粒子。与电子一样，夸克是基本粒子，这意味着我们不能将它们分割为更小的组分。不过夸克的知名度远不如电子，这是因为电子可以单独存在，而夸克则与之不同。夸克只能与其他夸克结合成为复合粒子，形成原子核中的质子或中子。

　　在这样的基本粒子"热汤"中可以发生许多有趣的现象。比如电子可以与正电子碰撞并完全湮灭，产生两个光子。夸克与反夸克相遇也是如此，会湮灭并产生更多光子。

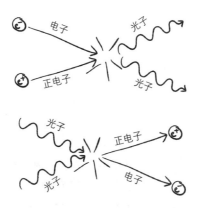

　　反之亦然，两个光子碰撞可以形成电子－正电子对或夸克－反夸克对。只要能量足够高，正向过程和反向过程就会达到平衡，许多电子－正电子对湮灭并转化为光子，同时光子对也会转化为电子－正电子对。

　　不要忘记此时宇宙仍在膨胀和冷却。宇宙的膨胀会不断削弱光子的能量，也就是说，随着宇宙的膨胀演化，光子的波长会越来越长。在这种情况下宇宙中的物质经历了什么呢？

　　我们知道暴胀结束后宇宙充满了能量，或者说混合着物质和反物质的高能辐射"热汤"。但在暴胀结束很久之后，当宇宙的年龄演进至

10 ～ 11 秒时，一些有趣的事情开始发生。这锅"热汤"中的光子在碰撞时不再有足够的能量产生正反粒子，因此宇宙变得不平衡。电子 - 正电子对不再产生，夸克 - 反夸克对也不再产生。此时"热汤"中仍然有物质和反物质，它们仍然可以碰撞、湮灭并产生光子。很快，所有的电子都与正电子相遇，并在瞬间转化为了光子。夸克 - 反夸克对也是如此，它们迅速湮灭并转变成更多的光子。因此，一旦宇宙持续冷却并通过这个临界点，所有的物质都会转变为光子，宇宙中应该没有留下任何粒子。也就是说在临界点之后，按理说宇宙中应该没有更多的物质了。

显然，以上所描述的情形没有发生在我们居住的这个宇宙。在我们的宇宙中，物质占主导地位，而反物质似乎极为罕见。反物质有时从粒子物理实验产生的放射性物质中产生，或者从宇宙的一些更奇特的过程中被释放出来，但它们的数量极少——物质依然主宰着宇宙。

我们之前提到过宇宙微波背景，这是宇宙早期的残余辐射。这种辐射一定来自于粒子和反粒子湮灭的过程。如果我们计算宇宙微波背景中的光子数量，那么就会发现物质粒子（宇宙中所有原子核里的质子和中子）与光子的比例大约是 1 ： 10 亿。

这似乎表明，在最终的湮灭发生之前，宇宙在某种程度上已经不平衡了。事实上，那时宇宙中的物质和反物质并不是等量的。宇宙中每存在 10 亿个正电子，就一定有 10 亿个以上的电子。这样一来，在最终的湮灭发生之后，宇宙中只剩下电子和光子。夸克和反夸克也是如此，不平衡的湮灭发生之后只留下了夸克和更多的光子。

这是非常奇怪的，因为我们的物理定律对于物质和反物质似乎是相同的，或者说是对称的，没有任何迹象表明二者中的任何一个应该更普遍地存在。然而事实告诉我们这不可能是正确的，因为今天的宇宙中只存在物质，而几乎没有反物质。这意味着，在某些地方需要打破正反物质的对称性。应该在哪里打破呢？这真的能回答为什么当今的宇宙中存在物质这个问题吗？

用数学描述对称之美

我们需要更深入地研究对称性。古希腊人，例如毕达哥拉斯还有柏拉图，认为对称的形状体现了自然之美。事实上，亚里士多德提出天空是由同心球构成的，由于球体是对称的，因此它的形状很漂亮。当然，对称性在历史上的许多情景中都有体现：轮子被做成了正圆形，多数球类运动使用的球是正球形的；工具和武器被设计成稳定平衡的样式等。

对称性相关知识概念的出现被认为是美学思想的一种明显的转变，与文艺复兴时期的其他价值观（例如形式的简单性）相辅相成。比如一朵野生玫瑰的形状通常杂乱无章，但一朵绘在文艺复兴大教堂墙上的玫瑰是有严格比例的，这在形式上显得非常纯洁。换句话说，非常对称。

数学家掌握了对称的概念，并在几个世纪里对其进行了改进。与其他所有的数学概念一样，随着时间的推移，对称的概念变得越来越抽象。一开始人们只是从某些特定的事物去理解有关对称性的数学概念，例如规则的几何形状。但到了 19 世纪，对称性的概念已发展成为了一种抽象的数学对象——**群**的理论。粗略地说，一个群是一些元素的集合，这些元素之间可以两两相互结合以生成同一个集合内的其他元素。数字就是一个很好的例子：任取两个数字，将它们相加或相乘就可以得到另一个数字。

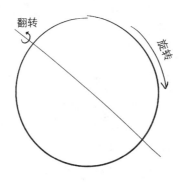

　　那么群是如何与对称性联系在一起的呢？我们想象一个圆环，考虑你能对这个圆环执行什么样的操作，使它在操作之后仍然保持原样。答案是，你可以翻转它，也可以旋转它，但你不能压扁它，这样做的话它就变成一个椭圆了。能够保持圆环原样的**变换**就是圆环的对称性，这些变换的集合总是能构成一个群。数学家发现了许多有关群的知识，所以在建立现代物理学的时候，物理学家可以借鉴数学家的想法，并在某些理论的研究中取得快速的进步。事实上，对称性是如此的重要，以至于有些人甚至认为物理学在某种意义上只不过是对称性的研究，现代物理学应当被归为群论的应用！总之对称性是一个相当有用的概念，不仅是直观上的有用，数学上群的抽象性质已成为理解宇宙的关键前提——因为这是量子物理的数学语言。

　　在物理学界有一条普遍的经验法则：如果你想在物理学中发现一些新东西，那就要运用对称性。理论物理学是物理学的一个分支，它使用数学而不是实验室来研究自然。在理论物理学中通常有两种发现新知识的方法。第一种是研究现有的定律和方程，并在其中找到其他人没有注意到的新对称性。第二种是提出新的理论，从一开始就假定存在某种对称性。这两种方法都可以找到不少实例。

　　许多经典物理学理论都具有对称性。其实，约翰内斯·开普勒的行星运动定律（被认为是现代科学革命的基石）就具有非常漂亮的几何对称性。这些定律要求行星围绕太阳旋转，沿椭圆的几何形状运动。然而，开普勒最开始提出这些定律的动机仅仅是需要拟合观测数据，而不是要求它们具有对称性。事实上，直到250年后，德国物理学家卡尔·龙格和威廉·楞次才"发现"了行星运动中所有详细的数学对称性。

　　快进到1905年，我们再次与阿尔伯特·爱因斯坦相遇，这一年被称为爱因斯坦奇迹年。一提到与爱因斯坦有关的数学方程，我们可能非常容易就想到 $E=mc^2$。然而与前面所说的行星运动定律不同，这一次爱因斯坦并不是先提出定律或方程再找到它的数学对称性，而是先提出了对称性再推导出了 $E=mc^2$ 这个方程。因此爱因斯坦改变了物理学的研究范式，他根据对称性的原理创建了一个理论，而不是像以前一样试图寻找方程来拟合实验观测的数据。

爱因斯坦广义相对论中的对称性是一种参考系的对称性。他先考虑在远离任何引力源的宇宙飞船里的某个人。在飞船内部，一切都是失重的，漂浮在空中，这与在地球表面的情形非常不同。在地球表面，引力的存在会将一切从天空中拉下来。然后，爱因斯坦又考虑某个人在地球引力的作用下自由坠落的情形，不仅仅是这个人在坠落，人所在的房间也在随之坠落。在这个自由坠落的房间里，人会看到物体漂浮在空中，就好像根本没有引力一样。他所感受到的与在外太空中的人相同。也就是说，对于在地球附近自由坠落的人而言，引力不再存在。这听起来可能很奇怪，但这就是现代引力理论的基础。

虽然物质可能从大爆炸后的最初几分钟就已经存在，但我们直到最近 100 年才对它有较为深入的理解。当然，我们知道古人其实对物质有所了解，对元素有着一些正确但不详细的概念。但随着量子力学和现代原子理论的诞生，我们逐渐解开原子结构的秘密，慢慢发现所有元素其实都是由少量基本粒子构成的。因此，"为什么存在物质"这一问题只有在量子物理的背景下才有可能得到回答。即便如此，直到 1928 年保罗·狄拉克写下了以他的名字命名的方程，物质的基本面貌才以目前的形式显现出来。

在 20 世纪 20 年代末，量子力学作为一门学科尚未完全形成。海森堡引入了他早期版本的量子力学，即**矩阵力学**。矩阵力学在厘清了一些头绪的同时，也带来了不少令人困惑的新问题：许多物理学家不熟悉它的数学语言，而且还不清楚这一理论的物理基础是什么，因此那时量子力学的大部分内容仍然支离破碎。此外，早期版本的量子力学是经典物理学的量子化理论，没有考虑电磁力的影响。于是狄拉克决定修改方程，使其与爱因斯坦提出的原理相一致，即赋予它适当的对称性。狄拉克方程现在被认为是**粒子物理标准模型**的起源，是粒子和力（不包括引力）的量子力学表述。最终完成标准模型又花费了几十年的时间，但我们现在不必深入讨论它，从狄拉克方程当中也可以看到一些令人惊叹的结论。

狄拉克方程首次预言了自然界中尚未被观测到的事物。虽然狄拉克在推演他的方程时并没有考虑对称性，但方程本身具有**电荷**的对称性。电荷是物质的一种基本性质，使物质能够受到电磁力的影响。按照惯例，我们考虑量子化的电荷量单位，称为 e。每个电子都具有 $-e$ 的电荷量，每个质子都具有 $+e$ 的电荷量。让我们想象，如果我们将电子的电荷从 $-e$ 转变为 $+e$，那我们会得到一个质子吗？不会！因为除了电荷之外，电子和质子之间还有许多其他的区别（比如质子的质量几乎是电子的 2000 倍）。

超越反物质

把电子的电荷从负转变为正的这种操作，很像是我们之前讨论的翻转圆环。但这种操作的结果会与之前大不相同。在翻转之后，我们将不会看到原样的圆环[6]。然而，就狄拉克方程而言，这种带有正电荷 $+e$，除此之外的其他性质与电子完全相同的东西，的确是该方程的有效解。换句话说，狄拉克方程预言了一种新的物质——**反物质**。狄拉克在 1928 年预言了电子的反粒子，现在被称为正电子。就在 4 年后，卡尔·安德森在研究来自地球外面的粒子（宇宙线）时，发现了正电子存在的确凿证据。

到现在，大量的研究证实了反物质的存在，并确认了反物质遵循与物质相同的物理定律。一些科学家甚至怀疑可能存在完全由反物质组成的星系！问题是，当物质和反物质相遇时，它们会相互湮灭并释放出大量的能量，例如产生伽马射线。反物质是科幻小说中的理想能源，它可

6　这句话想表达的是，翻转圆环这种操作不会影响到圆环的形态，圆环依然保持原样。但"翻转"电子这种操作，会将它转变为带正电荷的正电子，也就是说这一操作没有使电子保持原样。——译者注

以与物质完全湮灭以产生能量来驱动未来的宇宙飞船,但是存储反物质是非常困难的。一旦它与用来储存它的容器相接触,就会在一次巨大的能量爆发中湮灭殆尽。类似地,如果宇宙中有大量聚集的反物质,一旦它们在某处遇到了正常物质,它们就会湮灭并产生高能的伽马射线。然而,我们至今没有观测到这种现象发生,因此宇宙中可能没有大量反物质的聚集区域。

由于对称性,我们的物理定律对不同电荷的粒子一视同仁。物理学的理论并没有区别对待物质和反物质,为什么会这样呢?反物质起源于量子对称性,但我们需要一些其他的原理来解释为什么今天宇宙中的物质比反物质多。也就是说我们需要打破这种量子对称性,这意味着我们需要在现有的物理定律中找到一些不对称性,或者需要找到某些允许物质和反物质不对称的新物理规律。

为什么我们构建了对称性又要让它们破缺?为什么一开始不直接使用非对称的描述呢?答案归于艾米·诺特的研究。诺特是一位杰出的数学家,她和爱因斯坦一样在物理学的许多领域都做出了贡献。她证明了一个关于对称性的最重要的定理,即每个对称性都对应一个守恒定律。

对于物理学家来说,守恒定律是极为神圣的。它们是极为强大的工具,我们对宇宙的大部分理解都是在守恒定律的推动下演进的。例如,对于圆环以及它的旋转对称性,诺特定理意味着旋转的物体将具有与旋转对称性相关的守恒量,我们称之为**角动量**。科学家在研究现有理论和创建新理论时会寻求对称性的帮助,因为它们既漂亮又简洁——比如我们只需要用一个数字(直径)就可以描述一个对称的圆。自然界在许多地方都具有对称性。我们应当找到这些对称性,因为了解它们可以让我们根据简单的守恒定律来对物理世界进行更加简洁的描述。但也有一些地方,比如对于物质和反物质,自然界是不对称的。我们不知道会在何时何处发现对称性(这会是真正的尤里卡时刻[7]),也许这就是科学发现

7　尤里卡时刻是指在研究中顿悟的时刻。——译者注

的乐趣所在。

只要对称性破缺，守恒定律就会被破坏。这就像是我们在小说中经常看到警察说的那句话："没有法律，就只有混乱。"当然，这并不完全正确。我们应当为生活在一个没有过度被守恒定律约束的世界里感到幸福。因为一个完全对称的世界就没有那么多有趣的现象，它会仅仅保持在宇宙大爆炸第一瞬间的状态，所以，**物质与反物质之间的对称性是通过什么物理过程被破坏的？** 这个有关所有反物质都去了哪里的问题非常重要。

在粒子物理标准模型的细节深处，电荷对称性可以被破坏。虽然我们现在有实验证据表明自然界对产生物质（而不是反物质）有着极其轻微的偏好，但这并不足以解释物质和反物质之间的差异。这意味着我们仍然需要一种对称性破缺机制。多数新理论假设了某种新的相变模型作为对称性破缺机制的可能解释，就像是我们之前讨论的水和冰之间的相变模型一样。不过有一些人认为我们需要超出标准模型的新物理。

到目前为止我们能够确认的是，要想让我们的宇宙中存在物质，宇宙的守恒定律必须被打破。在一个具有完美对称物理定律的完美宇宙中，每个反粒子都会对应一个粒子。它们将会完全湮灭，只留下一片无形的光子之海，宇宙中将不存在任何物质来彰显不对称性的存在。

虽然不对称性的细节尚不清晰，但科学家确信，这种不对称性就应当反映在物理定律当中。今天，不对称性在大多数情况下是隐藏的，很少显露，以至于我们很难探测到它。但在宇宙的早期阶段，粒子之间的碰撞和相互作用非常频繁，这种不对称性肯定在很大程度上发挥了作用，使得那时宇宙中物质的数量比反物质多出了 10 亿分之一。

这种不对称性不仅在早期宇宙中起作用，在今天也存在。粒子物理实验的结果已显示出了物理定律的一些不对称的迹象，或者应该说是几乎对称，但不完全对称。这意味着我们原本认为的一些守恒量实际上并不完全守恒！例如稍后我们将讲述的幽灵般的中微子（一种几乎不与任何其他粒子相互作用的粒子），实验表明它违反了宇宙的一种基本的守恒定律，即所谓的**宇称**。

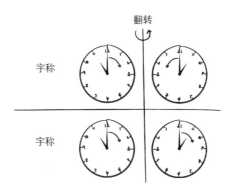

为了理解宇称，让我们想象一下在旧电影院里看一部旧电影。你怎样才能知道你是在看一部正常放映的电影，还是一部被没有经验的放映员用镜子左右翻转的版本？如果你正在看一部由人出演的影片，你只要去注意右利手和左利手的人数，或者去看页面上的文字，你就会获得明显的线索。这就是人类文明具有的内在不对称性。

如果你看到的是一个自然场景，比如鲸鱼冲入大海，或者一只老鹰翱翔在群山之间，你要如何分辨影片有没有被翻转呢？显然，现在更难将影片与它的镜像相区分。如果你是鲸鱼或者老鹰方面的专家，你可能会找到一些视觉上的线索，但对于群山和大海的场景来说，正常的图像和镜像后的图像看起来基本相同。

物理定律似乎也是如此。相互作用，例如一个电子在电磁力的作用下被另外一个电子反弹，从正常视图和镜像视图分别去看这个过程，在物理上并没有区别。引力和强相互作用力似乎也是如此，但有趣的是，剩下的一种力——弱相互作用力并不是这样。

打破量子定律

中微子就像是幽灵一样，没有电荷，也几乎没有质量。它与其他物质的相互作用只能通过引力和弱相互作用力来测量。20世纪50年代，科学家意识到，涉及中微子和弱相互作用力的物理过程不符合镜像要求。1956年，物理学家李政道和杨振宁提出，中微子的镜像物理过程在实际的宇宙当中根本不会发生。不久之后，实验物理学家吴健雄在一项研究钴放射性衰变的实验当中证明了这一点。钴的衰变会向某个方向发射出一个电子，并向相反方向发射出一个中微子。虽然实验无法检测到逃逸的中微子，但吴健雄能够探测到那个伴随中微子产生的电子。如果宇称守恒，吴健雄将发现这堆钴原子会朝两个方向均匀地发射电子，但实际上，她的实验只在一个方向上检测到了电子。显然，宇宙中的宇称是破缺的！这对科学界来说是一个重磅的发现，因为他们之前认为正常视角的宇宙和镜子中的宇宙是完全对称的。为了解释宇称的破缺，必须在它的数学表述中引入一个小变化。

对称性只在弱相互作用力中是破缺的，在其他相互作用中，例如引力、电磁力和强相互作用力，则完好无损，依然具有完美的数学对称性。电磁相互作用中的电荷守恒就是一个很好的例子。我们从未观察到改变电荷净额的相互作用。科学家仔细研究这些守恒定律，但没有在物理中发现任何裂痕。

我们不理解为什么一些物理定律是完全对称的，而另一些则是不对称的。我们也不知道是什么控制着对称性破缺的规模，更不知道为什么在早期宇宙中，物质的数量比反物质多了十亿分之一。为什么不是百分之一，或者百万亿分之一？这些情况下演化出的宇宙将会是一幅完全不同的情景。如果是前者，那么宇宙中的物质将比我们目前看到的要多得多；而如果是后者，那么物质将比现在要少得多。这是一个值得思考的有趣问题。不论比例如何，宇宙中至少是有物质的，且这是由不对称性所导致的。可以说，没有宇宙的不对称，就不存在人类在这里去思考这些问题。

元素从何而来？

　　化学元素是宇宙的基本构件。其中包括 92 种原本就存在于自然界的元素，还有二十几种在我们的实验室创造的超重元素。人体中大约 70% 是水，我们知道水是由无数相同的水分子组成的，每个水分子都由两个氢原子和一个氧原子构成，原子之间通过电磁力结合在一起。但是，组成人体还需要更多的元素，例如碳、硫、磷等元素，它们以无数种不同的分子结构结合在一起。正如我们所看到的那样，早期宇宙在本质上是一锅满是基本粒子的"热汤"，汤里有夸克、电子还有光子，那么人体中的这些元素都是从哪来的呢？

　　让我们回到宇宙的最早阶段，回到宇宙诞生后的百万分之一秒，那时宇宙的温度仍然非常高。不过最终宇宙会冷却，温度降低至可以让夸克之间相互结合。夸克有不同的种类，总共有 6 种，每种夸克的性质稍有不同。物理学家分别给它们起了非常有趣的名字，包括奇夸克、粲夸克、顶夸克和底夸克。但对于宇宙中的正常物质，包括组成我们人体的物质，是由两种最轻的夸克构成的——上夸克和下夸克。要制造一个质子，你需要把两个上夸克和一个下夸克黏合在一起，而组成中子则需要两个下夸克和一个上夸克。它们的黏合是由强相互作用力导致的。

　　强相互作用力在元素的讨论中起着关键的作用，所以让我们进一步地探讨。现代意义上的原子概念诞生于 1911 年，当时欧内斯特·卢瑟福通过实验证明，原子的所有正电荷都集中在一个小小的原子核中。这个原子核的大小仅为电子运动轨道的尺度的千分之一，也就是说原子里面大部分是空的！

　　原子核由两种核子混合而成——电中性的中子和带正电的质子。然而，把质子束缚在体积如此之小的原子核内，意味着它们之间的电磁斥力将会非常巨大。是什么阻止了原子核在电磁斥力的作用下四分五裂？答案是一种更强大的力，一种可以完全压倒电磁效应的力，物理学家缺乏想象力地称之为——**强相互作用力**。

强相互作用力相当复杂。在粒子物理标准模型（基本粒子和力的"菜谱"）当中，强相互作用力不仅存在于质子和中子之间，而且存在于组成它们的夸克之间。每个夸克之间通过交换另一个粒子（称为**胶子**）来参与强相互作用力，胶子会黏合夸克。在每个质子和中子的内部，3个夸克之间会频繁地交换胶子，从而使它们紧密地结合在一起。

那么，强相互作用力是如何将原子核中的核子紧密结合的呢？当质子和中子之间足够接近时，一个核子内部的夸克可以关联到另一个核子内部的夸克，它们就可以交换胶子。也就是说，将原子核紧密结合的强相互作用力仅仅是从质子和中子内部夸克之间的强相互作用力中泄漏的剩余力。可见强相互作用力究竟有多么强！

同时这也意味着质子和中子之间的强相互作用力只能在很短的范围内起作用，因为这些核子之间必须非常接近才能感受到这种剩余力。这种要求就是在早期宇宙中形成元素的问题所在。实际上，早期宇宙中的高温意味着质子和中子之间会经历无数的剧烈碰撞，碰撞时它们会足够靠近，从而在强相互作用力的作用下束缚在一起。质子和中子可以结合在一起形成氘（或者说重氢）原子核，但氘是一种非常脆弱的原子核，在大爆炸的熊熊烈焰中，它很快会被打散。而如果不形成氘，就无法形成更重的元素，这一障碍被称为**氘瓶颈**。

最终，宇宙足够冷却，使得氘能够在粒子的碰撞中幸存下来，从而成为形成更重原子核的构件。两个氘原子核可以结合在一起形成氦-4原子核。如果氘核能够捕获单个的质子，就可以形成氦-3原子核。一直合成下去，似乎就可以形成所有的化学元素。然而，随着宇宙继续冷却，另一个障碍开始显露出来。

氘核带正电荷，因此它们之间相互排斥。随着宇宙的冷却，氘核的运动速度减慢，它们之间的反应变得不再那么剧烈。当它们彼此靠近时，电磁力开始起作用并迫使它们分开。因此氘核之间根本无法靠得足够近，来让强相互作用力起作用以束缚住它们。在这期间自由质子消耗完了。总之，几分钟的时间里形成了一些氦和锂的原子核，然后这种核合成过程似乎就结束了。在大爆炸中形成更重元素的途径被完全切断，所以我们想问：宇宙中那么多种类的化学元素都是从哪来的？

像搭积木一样构建宇宙

氦瓶颈可以避免吗？当然可以，一定还有其他的合成更重元素的方法。除了将一个质子和一个中子结合在一起产生氘之外，我们是否可以考虑将两个质子或两个中子黏合在一起，以此途径来合成元素呢？就像搭积木一样用任意排列组合的方式搭建宇宙不是很好吗？很遗憾，这是不可能的。因为核物理是科学，不是炼金术。有些核反应很稀有，而有些反应则根本不可能发生。

1 核子	○ 质子	● 中子
2 核子	◑ 双质子	◑ 氘 ● ● 双中子
3 核子	◑● 氦-3	◐● 氚
4 核子	◐● 氦-4	

氦-3 有 3 个核子（两个质子和一个中子）。氦-4 有 4 个核子（两个质子和两个中子）。一直往上可以到铀-238，这是最重的天然元素。为了从质子和中子出发合成元素，我们必须把较轻的原子核黏合在一起，来形成较重的原子核。如果这条合成链的起点只是一片仅含质子和中子的海洋，那么首先合成过程必然会经历只有两个核子的组合。这两个核

子的选择有 3 种组合：质子 - 质子（双质子）、中子 - 中子（双中子）或质子 - 中子（氘）。我们可能会天真地猜测，双质子的情况会由于电磁斥力而不存在，毕竟同类电荷会相互排斥，而每个质子都带有正电荷。然而，强相互作用力之所以叫强相互作用力是有原因的。在我们研究的尺度上，电磁斥力与强相互作用力相比可以忽略不计。这就是含有许多质子的重原子核没有被电磁力拆散的原因。我们稍后再详细介绍这一点！

因此，双质子、双中子以及氘的组合似乎都是完全可以接受的搭积木的方式。但实际上我们遗漏了一个重要的方面——**自旋**。1924 年，沃尔夫冈·泡利引入了量子力学中的自旋的概念。他将其定义为"无法被经典描述的二值性"。二值性指的是一个东西仅有两种取值（如电灯开关），但它在经典物理学中没有对应。那么，该如何最贴切地描述它呢？你猜对了，用量子力学的方式！

自旋是基本粒子的内部自由度，这就是它没有合适的经典类比的原因。自旋是学生进入量子物理最早遇到的概念之一，通常是在化学课上。每个高中化学实验室的墙上都有元素周期表。从 H 一直排到 Og，编号从 1 到 118，但它们似乎是以一种奇怪的方式排列的。氢和氦单独地排在第一行，然后在下面的几行它开始逐渐填充。这种奇怪的排列方式主要是由每个元素的原子中电子的排列方式决定的。元素周期表展现了所有电中性的原子以及它们所有电子的排列方式，请记住，在早期宇宙中，只有氢核和氦核。在大爆炸后的几十万年里，宇宙仍然太热以至于电子无法被原子核束缚，因此那时并没有元素的概念。不过，我们还是要继续研究元素周期表。

在化学课中讨论原子通常会用到一些概念，包括轨道、壳层和量子数，它们定义了围绕原子核运动的电子的不同性质。泡利定义了一种所谓的量子数，来描述实验观测到的原子壳层中电子的排列。定义的规则是，没有哪两个电子可以具有相同的量子数，这就是所谓的**泡利不相容原理**。也许你还记得在化学课上把电子"填充"到轨道里——1s，2s，2p……3d 等，这就是泡利不相容原理所要求的。

1																	18
1 H																	2 He
3 Li	4 Be											5 B	6 C	7 N	8 O	9 F	10 Ne
11 Na	12 Mg											13 Al	14 Si	15 P	16 S	17 Cl	18 Ar
19 K	20 Ca	21 Sc	22 Ti	23 V	24 Cr	25 Mn	26 Fe	27 Co	28 Ni	29 Cu	30 Zn	31 Ga	32 Ge	33 As	34 Se	35 Br	36 Kr
37 Rb	38 Sr	39 Y	40 Zr	41 Nb	42 Mo	43 Tc	44 Ru	45 Rh	46 Pd	47 Ag	48 Cd	49 In	50 Sn	51 Sb	52 Te	53 I	54 Xe
55 Cs	56 Ba		72 Hf	73 Ta	74 W	75 Re	76 Os	77 Ir	78 Pt	79 Au	80 Hg	81 Tl	82 Pb	83 Bi	84 Po	85 At	86 Rn
87 Fr	88 Ra		104 Rf	105 Db	106 Sg	107 Bh	108 Hs	109 Mt	110 Ds	111 Rg	112 Cn	113 Nh	114 Fl	115 Mc	116 Lv	117 Ts	118 Og

57 La	58 Ce	59 Pr	60 Nd	61 Pm	62 Sm	63 Eu	64 Gd	65 Tb	66 Dy	67 Ho	68 Er	69 Tm	70 Yb	71 Lu
89 Ac	90 Th	91 Pa	92 U	93 Np	94 Pu	95 Am	96 Cm	97 Bk	98 Cf	99 Es	100 Fm	101 Md	102 No	103 Lr

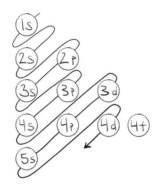

我们说所有粒子都有自旋，但实际上自旋的最小取值是 0，即没有自旋。事实证明，泡利在自旋方面说错了一件事——电子的二值性其实并不是普适的。自旋可以有更多的取值，包括任何整数或半整数，所以给定粒子的自旋可以是 0、1/2、1、3/2、2 等。现在我们知道，具有整数自旋（0、1、2 等）的基本粒子与具有半整数自旋（1/2、3/2、5/2 等）的基本粒子的性质非常不同。前者是**玻色子**，而后者是**费米子**，它们的关键区别在于是否服从泡利不相容原理。该原理指出，没有哪两个费米子可以占据相同的量子态——也就是说，如果给定一个费米子（例如质

子或电子）的精确描述，那么就没有其他的费米子可以具有与之相同的描述。就像在高中化学里面，你必须给每个电子以不同的量子数，所以一旦几个费米子的所有内部自由度（如自旋）都相同，那它们就无法占据相同的空间区域。玻色子则可以随意地聚集在一起，因为它们不服从泡利不相容原理，所以在某种意义上，这就是为什么是费米子而不是玻色子构成的物质占据了空间。

让我们再一次考虑填充原子中的电子轨道，可以把电子的自旋方向表示为一个向上或向下的箭头。这正是泡利所说的二值性。每个电子都具有 1/2 的自旋，核子（质子和中子）也具有 1/2 的自旋。在量子物理学中，自旋的方向体现为自旋取值的正负号。对电子来说，自旋向上 ↑ 或者向下 ↓ 说的就是取值 1/2 或 −1/2。这种标记方式其实无关紧要，正如我们之前所说，自旋是一种抽象的内部自由度，用 1/2 或 −1/2 这种标记方式与用 ↑ 或 ↓、0 或 1、笑或哭来标记都是一样的，你明白就行。重要的是，如果两个自旋为 1/2 的费米子占据了相同的空间，或者说它们被束缚在一起了，那么它们的自旋方向就不可能相同。

在双质子体系中，两个质子的自旋必须相反，否则它们将占据相同的量子态并违反泡利不相容原理。双中子也是如此。然而在氘核中，质子和中子可以具有相同的自旋方向，因为质子和中子具有其他不相同的性质，以遵守泡利不相容原理，比如说它们的质量不同。

不合适的积木

现在让我们回顾一下之前讲述的内容。我们说到在早期宇宙中，温度已经足够低，以至于质子和中子可以自由运动。现在它们之间要相互结合，结合的方式可以是：双质子或者双中子，这种情况下两核子的自旋方向相反；也可以结合成氘核，这种情况下自旋方向是任意的。当两个核子的自旋方向相反时，它们的自旋之和为 0；然而当方向相同时，总自旋会加倍。从核子中泄漏的强相互作用力和自旋有几分相似：更高的自旋意味着核子之间有更强的结合。事实上，双质子和双中子体系的结合能是负的，这意味着它们会挣脱束缚！氘核的结合能是正的，虽然结合依然较弱，但也需要足够高的温度才能将其破坏。

当谈及核反应或者化学反应时，我们关注的物理量是反应发生的概率（或者说反应发生的速率）。如果我们知道反应发生的速率，那么就可以很容易地预测反应后宇宙中会产生多少元素。反应的速率取决于 3 个条件：反应所需的能量（即参与反应的核子和产物的结合能与质量）、反应中可用的能量（由那时宇宙中辐射的温度决定），当然，还有反应物的利用率。我们知道核子的这些量，由此就可以计算核反应的速率，并估计每种元素我们应当在宇宙中观测到多少。

质子可以转化为中子，反之亦然。但由于中子的质量稍大，正向和反向转化过程是不对称的。质量越大意味着能量越高，所以宇宙里中子的含量比质子少[8]。事实上，宇宙中的质子远多于中子，根据我们的观测结果，质子和中子的比例大约是 7 ∶ 1，这个比例是在大爆炸后的第一秒就确立了。现在有一个问题，如果质子能够更加稳定地存在，那么为什么中子没有全部衰变为质子呢？如果它们是自由中子，那它们会全部衰变。但现在它们被束缚在了原子核中，这阻止了它们继续衰变。可见，如果没有形成元素，那这个宇宙中就根本没有中子了！

宇宙的温度在大爆炸后的第一分钟降到足够低，低到无法破坏质子和中子的结合，此时氘开始形成。有了氘，就可以开始合成更重的元素。最稳定的元素——氦 -4 最先开始形成。但合成链刚开始就面临结束，因为合成较重的原子核需要更多的能量，而宇宙的温度却在下降。此外，可用于进一步反应的中子的数量实在是太少。事实上，大爆炸中产生的所有中子在短暂的几分钟里，就大部分合成了氦 -4（也有一些用于合成了第

8　这里的逻辑是，粒子具有的能量正比于它的质量，由于能量守恒，较大质量的粒子可以自发衰变为几个较小质量的粒子，而较小质量的粒子则不能自发衰变为较大质量的粒子。因此较大质量的中子可以自发衰变为质子以及其他粒子，这导致了宇宙里中子的含量比质子少。——译者注

二重的元素——锂）。那么剩下的没有和中子结合的质子都去了哪里？它们作为氢原子核存在，也就是你体内每个水分子中的氢元素的原子核。

这种在炽热的宇宙中合成化学元素的理论被视为现代宇宙学的一大成就。理论的细节是在 20 世纪 40 至 50 年代拼凑起来的。那个时代各国对核能与核武器的研究推动着对核反应的研究快速发展。在世界各地的实验室里，一些核物理学家努力测量各种核反应的速率，并试图了解使原子核裂变或聚变所需的条件。还有一些核物理学家使用的研究工具是纸、笔以及第一代真正的电子计算机，他们努力地求解极其复杂的量子力学方程，这些方程描述了粒子和原子核之间如何相互作用。天文学家则可以查阅由核物理学家打造的核数据宝库，并将其中的数据应用于他们研究的有关宇宙的问题当中。

天文学家的游乐场

天文学家的计算主要由两部分组成。第一部分和宇宙的膨胀有关。根据爱因斯坦的广义相对论，我们知道宇宙如何膨胀取决于宇宙中物质、能量和辐射的总量。

第二部分与核反应有关。这取决于物质的温度和密度，这两个量可以从宇宙学方程中获知。一旦我们确立了方程中的变量，元素合成的计算就相对简单了。我们只需要知道某种元素的总量，并计算出每个时刻有多少元素被合成出来，又有多少元素被转化成了其他元素。

研究早期宇宙中元素核合成问题所需的数学方程，在形式上被称为一组**耦合微分方程**。这种方程在科学、工程、经济学领域都有广泛的应用，事实上，研究任何随时间变化的系统都会用到这种方程。

科学家擅长利用计算机来求解如此复杂的方程组。在 20 世纪 40 年代需要手工费力完成的计算，放在现代计算机上只需要瞬间就可以完成。只要有一点计算机编程的基础，任何人都可以利用计算机重现元素的合成过程。更令人兴奋的是，你甚至可以在计算机上模拟宇宙的演化，也可以修改宇宙的根本特性，例如宇宙的膨胀特性或物质的组成。如果你愿意尝试，甚至可以修改量子力学定律，调整粒子间相互作用的方式。试试看吧，这真的很有趣（尽管物理学家对有趣的定义可能不同于其他人）。

但不论你如何修改早期宇宙的特性，有一件事很快就会显现出来。在大爆炸后的高温稠密的环境中，元素的合成效率非常低。氘瓶颈的确阻碍了元素的形成，核合成过程最终使得宇宙主要包含氢元素、少量的氦元素以及极少量的其他元素。你必须真正地打乱宇宙的构成，才能从根本上改变核合成的这种结果。

天文学家最终意识到，我们所理解的大爆炸并不能完全解释今天我们周围所有种类元素的存在。宇宙膨胀导致的快速冷却以及氘瓶颈对核合成的延缓，意味着在合成了氦元素以及少量的锂元素之后，宇宙应该已经没有能力继续合成其他元素了。天文学家一直在思考，其他元素例如碳、氧、金和铀都来自何处。其实，有一个明显合适的新元素来源，一个具有合成新元素所需的极端温度与密度的地方，它就是恒星的中心！然而，恒星中心环境的物理性质和大爆炸的环境一样奇特。我们有必要对更多的方程做进一步研究，这需要聪明的头脑来想明白在那里到底发生了什么。

在大爆炸后的几分钟里，随着宇宙的继续膨胀和冷却，宇宙的"核熔炉"逐渐停止工作。宇宙中剩余的辐射也逐渐冷却，最终，宇宙一片黑暗。在黑暗时期，引力占主导地位，将物质聚集成团块。此时，一直潜伏在大爆炸背景中的暗物质占据了宇宙的大部分质量。这些暗物质最终成为了形成宇宙中第一批星系的种子。然后，正常物质（大爆炸合成的原子）被暗物质所吸引并聚集。它们作为一团冷却的气体被压缩，引力逐渐挤压这团气体的核心，并使核心达到极高的温度。从此，宇宙中的第一批恒星诞生了，宇宙重现光明并进入了新的纪元。在恒星的中心，人们发现量子物理依然起着主导作用，可以说没有量子物理，恒星就不会被点亮。

第二章

宇宙的量子现实

如何揭示太空的化学成分?

在这一章的开始，我们先来聊一点历史。1835 年，法国哲学家奥古斯特·孔德思考宇宙的本质时，得出了一个结论：太空的物质构成将永远不可能被人们揭示。在《实证哲学教程》中，他写道："关于恒星……我们永远无法研究它们的化学成分或矿物结构。"

在科学领域，预测未来是一件困难的事。历史上充斥着许多在现在看来非常可笑的对未来的预测。正如我们将要看到的那样，孔德对我们研究恒星构成的能力有着错误的判断。

在孔德做出预言之前大约 200 年，伟大的科学家艾萨克·牛顿迈出了揭示太空本质的第一步。17 世纪 60 年代，在剑桥大学三一学院的房间里，他使用一个玻璃棱镜折射了一窄束阳光。令他惊讶的是，太阳的白光被分解成了彩虹的颜色！如果我们仔细观察的话，会发现阳光穿过玻璃杯时也可以看到这样的小彩虹，这和穿过棱镜的原理是类似的。

到了 19 世纪初，巴伐利亚的约瑟夫·冯·夫琅和费已经完善了制作高质量棱镜的技术，并将其应用在望远镜当中。通过分解其他明亮恒星发出的光，他发现了与太阳光类似的彩虹图案。这使他意识到，也许太阳和其他星星并没有太多不同！

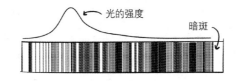

与今天相比，19 世纪的人们不太注重实验中的安全守则，存在许

多有害健康的实验操作。夫琅和费在 39 岁就去世了，这可能就是长期与有毒金属蒸气打交道导致的。虽然夫琅和费的生命很短暂，但他使用自己精巧的光学技术为人们理解恒星构成做出了巨大的贡献。通过检查太阳光的彩虹，也就是所谓的**光谱**，他发现其中包含许多狭窄的暗线，也就是说光谱中某些特定颜色的位置会变暗。在夫琅和费发现衍射光谱之前 10 年，威廉·海德·沃拉斯顿也注意过太阳光谱中的这些暗线，但夫琅和费对它们进行了系统的绘制，在其中识别出近 600 个单独的暗线。

这些暗线的来源一直是一个谜题，直到 19 世纪 50 年代，古斯塔夫·基尔霍夫和罗伯特·本生的研究才探讨得出了一些成果。他们引导光束穿过气体样本，然后用棱镜将光色散。他们发现光在通过气体时，会在光谱中留下一系列的暗线。不同气体样本的暗线会出现在光谱中的不同位置，就像是这些气体各自独特的指纹一样。

很明显，太阳光谱中的那些暗线也与太阳大气层中的各种元素有关。在地球上的实验室中也发现了这些元素。到了 19 世纪 60 年代，威廉和玛格丽特·哈金斯等天文学家对其他的恒星进行了光谱学研究。结果表明，更远的恒星也是由地球上存在的元素组成的。

一些天文学家还对太阳稀薄的外层大气进行了光谱观测。这项研究只能在日全食期间太阳的眩光被遮挡时才可以进行。在这项研究中，人们观测到了亮线而不是暗线，基尔霍夫和本生将这些亮线解释为太阳外层大气中的元素所发出的光。令人惊讶的是，这些来自太阳大气的光谱中显示出了一条黄色的亮线，这条谱线在地球的实验室中似乎没有被发现过。也许……太空至少在一定程度上有非地球物质的元素？

然而在 19 世纪 60 年代，天文学家诺曼·洛克耶和化学家爱德华·弗兰克兰认定，这条黄色亮线的存在表明地球上存在着某种尚未被发现的元素。他们得出结论，在元素周期表中应该缺少了某种元素。他们以希腊神话中太阳神赫利俄斯的名字将这种未知的元素命名为氦。到 1900年，科学家终于在实验室中分离出了这种元素。1903 年，人们又从地下提取到了氦，在美国堪萨斯州德克斯特的一块田地里首次发现了储存在岩石中的氦。科学家们之所以能够准确地判断出新发现的元素是什么，是因为之前在实验室中以及在对太阳的观测中已经得到了该元素的"量子指纹"——也就是它的谱线位置。今天，我们正被氦的短缺所困扰，因为这种稳定的轻气体元素已经被广泛地应用于磁共振成像、火箭发动机以及人们开派对时使用的气球当中。

所以孔德的预言被宣告有误。光谱学的研究揭示了恒星的化学成分，并表明太空中的物质也是由地球上存在的元素所构成的。随着这一事实的确立，宇宙开始变得不再那么神秘。

虽然星光中的元素"指纹"揭示了宇宙的某些细节，但为什么元素拥有这样的"指纹"仍是未知的。为什么各个元素的谱线都明显不同？从 19 世纪到 20 世纪初，化学家和物理学家开始试图"撬开"原子，以揭示其内部的秘密。接下来，我们将了解天文学家是如何揭示太空的元素组成的。

量子彩虹

当注视彩虹时，你可能会感觉其中的某些颜色看起来比其他颜色更亮一些。这在一定程度上是因为人的眼睛不是一个完美的探测器，它对某些颜色比其他颜色更加敏感。但更重要的一个原因是：任何光源发出的光，其中并不是每种颜色的光都具有相同的强度。光谱学不仅仅是使用棱镜来观察光中包含的颜色，它也研究光谱中每种颜色的光的强度。因此，虽然在人眼看来太阳发出的是白色的光，但白光实际上包含许多种颜色的光，每种颜色都有不同的强度（顺便一提，不要直视太阳来验证这个结论！每本讨论天文学和太阳的书都会警告不要直视太阳）。人们可以使用光谱仪来分析一束光中每种颜色的强度。如果你在网络搜索"光谱"这个词，你会看到许多彩虹颜色的图片。然而，搜索"光谱仪的光谱"，你会搜到实验室里的那些专业的图像。的确，光谱仪的分析结果没有光谱图片那么好看，但它揭示了隐藏在光谱背后的信息以及另一个美丽的谜题。

对 19 世纪的科学家来说，不仅太阳光谱中的暗线是一个谜题，光谱的其余部分在当时也无法解释。为什么光谱中的某些颜色有特定的强度？实际上，这个问题远比暗线的问题有趣。它说明不仅太阳光有特定的光谱，每一个炽热的物体，从热到发光的铁到燃烧的木头，都有一个只和它的温度有关的光谱。也就是说，不论是什么物体，只要它被加热到相同的温度，它光谱中的同一种颜色的光就会具有相同的强度。对当时的科学家们来说，如果连光谱本身的这种特性都无法解释，那么又如何解释光谱中的那些谱线呢？

要解释由热物体发出的光谱，需要采用一个特定的理论模型。从理论上讲，热物体由于其中存在大量振荡的电荷而产生光。为什么要做这样的假设呢？因为那时的人们已经知道光是一种振荡的电磁波，由振荡的电荷产生。事实上，这正是非常成功的麦克斯韦电磁学揭示的原理。电荷振荡的速度决定了它所拥有的能量，也决定了它产生的光的颜色。因此，我们要做的事情非常简单，只需要找到一个可以让电荷振子以正确频率振荡的理论，来产生与实验观测一致的光谱就可以了。这个问题的答案最终在 1900 年被马克斯·普朗克找到，我们在这本书的引言中介绍过他，他对这一问题的研究使得所谓的量子物理学就此诞生。

虽然量子理论和宇宙学密切相关，但历史上量子理论的发展顺序与它们所揭示的宇宙历史年表并不一致。到目前为止，我们一直在按时间顺序讲述宇宙，从宇宙的诞生一直讲到今天，然而这并不是科学研究的历史顺序。我们已见识过一些在量子舞台上大放异彩的"演员"——爱因斯坦、海森堡、泡利、诺特，现在是时候让我们重新认识量子物理学之父马克斯·普朗克了。他曾获诺贝尔物理学奖，颁奖理由是"表彰他通过发现能量的量子而为物理学进步所做的贡献"。

现在我们更深入地看一看马克斯·普朗克是如何开启量子革命的。

1900 年，普朗克提出了量子假说，即能量以离散（量子）形式而不是连续的形式出现。当其他物理学家正在奋力尝试创造一种能够产生特征光谱的物理机制时，普朗克开始玩起他所谓的"数学把戏"。其中一个技巧是假设每个电荷振子的能量不能取任意值，而是必须以离散值的形式出现。也就是说，存在一个最小的能量单位，那就是所谓的"量子"。实际上普朗克不喜欢这种想法，因为这与他所接受的经典物理学教育完全冲突，但量子的想法确实解释了热物体的光谱。很快，这种想法被应用到了其他无法解释的物理现象中，量子物理学被推广开来。

大约在同一时间，原子的结构开始被逐渐揭示。当时，科学家只知道原子具有一个致密并且带正电荷的原子核，电子分散地分布在原子核外。一个在当时非常流行的描述原子的模型是所谓的行星模型。在这个模型中，电子围绕原子核旋转，就像行星围绕太阳旋转一样。这种猜想其实是有缺陷的，然而即使到今天它仍是一种较为有用的物理图像。毕竟，今天我们仍将电子的状态称为它旋转的"轨道"。将电子和原子核的关系类比为行星围绕太阳旋转的一个非常明显的缺陷就是圆周运动的电子会向外辐射能量。而失去能量就意味着电子会失去速度并螺旋着向原子核靠近，所以几乎在瞬间电子就会落入原子核，然后原子会崩溃。因此，这个在当时最流行的原子模型显示，构成物质的原子是如此不稳定，以至于它们根本不应该存在！显然，这个结论是荒谬的，我们需要对原子有一些新的认识。

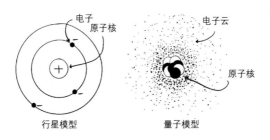

行星模型　　　　量子模型

跃迁

那时，全世界量子物理研究的中心在丹麦哥本哈根，尤其是在丹麦物理学家尼尔斯·玻尔的家里。玻尔在普朗克量子假说的启发下，提出电子围绕原子核运动的轨道不可以是任意的，而应当只能占据某些分立的固定轨道。由于电子不能到达不同轨道之间的空间，所以它不会辐射并失去能量[9]。因此至少在理论上，组成物质的原子是稳定的。

虽然电子不能涉及不同轨道之间的空间，但它可以通过在轨道之间**跃迁**来改变它所处的轨道。玻尔的原子模型告诉我们，电子在跃迁时会从一个轨道上消失，然后立即在另一个轨道上重新出现。然而，不同轨道之间的能量是存在差异的。那么电子从低能量轨道跃迁至高能量轨道时所需的能量是从哪来的呢？或者反过来，从高能量轨道跃迁到低能量轨道时放出的能量去了哪里呢？答案是——光。当一个电子从一个较高的能级跃迁至一个较低的能级时，一个能量的量子以光的形式被释放出来。光的能量与电磁场的振荡频率有关，就像爱因斯坦提出光量子时所预言的那样。也就是说，光的能量决定了它的颜色。由于原子中所允许的能级的数量是一定的，并且同一种类的所有原子都是完全相同的，所以它们发出的光总是相同的几种颜色。

如果你用能量去激发一团氢气体，很快它就会开始发光，但它只会发出特定颜色的光，这就是氢光谱中的那些亮线。放出光的能量恰好对应于玻尔模型中不同轨道之间的能级差。因为每种元素具有不同的原子核，所以它们所允许的能级是不同的，这导致了不同元素在光谱上具有不同的特征。因此，元素的"指纹"是被量子物理所绘制的。

电子也可以**吸收**光，这个过程有一点微妙。为了使电子从一个能级转移至更高的能级，它必须吸收刚好等于能级差的能量才能跃迁到那

9　在玻尔原子模型中，电子有一个能量最低的运行轨道。当电子处于这个能量最低的轨道时，它就不会再继续失去能量，从而不会像行星模型所说的那样落入原子核中。因此玻尔原子模型是稳定的。——译者注

里。也就是说，我们必须按照原子发射光谱中谱线的颜色，用完全相同能量的光射向原子，才能使电子移动到更高能量的轨道上。或者我们可以用所有颜色的光照射原子，然后，只有那些颜色与原子的能极差相对应的光才会被吸收。其他颜色的光则会不受影响地穿过原子。这样一来，在照射的另一边，我们看到的光就会与光源基本相同，只是光谱中缺少了那些被吸收的特定颜色。这就是前面所说的吸收光谱中的暗线。

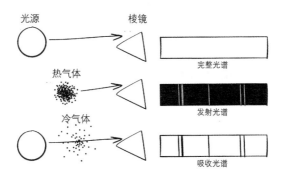

我们已经讲了很多内容，现在我们回顾一下。原子中电子的轨道是量子化的，这意味着它们只能具有特定的能量，也就是说能量是离散的，而不是连续的。为了使电子从低能轨道跃迁至高能轨道，原子需要吸收具有刚刚好能量的光子。这导致了在光谱中特定频率的位置会出现吸收线（暗线）。而当电子从高能轨道下降到低能轨道时，原子会发射一个特定频率的光子。这导致了光谱中的发射线（亮线）。

眺望太阳（但不要在家做这种事）

在太阳炽热的内部会产生各种颜色的光，这就是为什么它在我们眼里看起来是白色的。当太阳的光穿过它密度较低的外层时，量子跃迁开始发生。每一个能量刚好足以造成外层大气中的电子跃迁的光子都会被吸收。不过很快光子会被原子再次发射出来，但这次是朝一个随机的方向发射。用地球上的望远镜观测，我们就会看到一个具有吸收线的光谱，吸收线的位置对应于电子跃迁的能量。同时，这也解释了直接观察太阳的望远镜为什么没有看到发射光谱。那些被太阳外层原子发射的光子可以在其他较暗的背景下被看到。除此之外，量子跃迁还允许我们看到日食期间太阳外层大气中原子的"指纹"以及星际尘埃云中原子的"指纹"。

玻尔的原子模型是半经典的模型，它还需要许多改进，直到它最终被具有波函数和概率诠释的完全的量子模型所替代。这项工作只有在量子力学的所有数学基础都发展成熟之后才可能实现。即使是在完全的量子模型中，也保留了玻尔模型的一些特点，包括原子能量的离散性以及原子与光相互作用的方式。量子物理学可以解释天文学家观测到的光谱，但它能做到的远不止这些。光与物质的量子理论中的每一个新方法都为解释恒星的观测数据提供了一种新的途径。这开启了一门被称为**天体物理学**的新学科，这是一门研究恒星、行星和宇宙中其他天体的形成与演化的学科。科学家从此不再局限于绘制行星和恒星的位置，他们现在可以开始尝试了解这些天体的本质。

原子的量子化能级的发现为现代量子力学的诞生奠定了基础。对原子结构的理解彻底改变了天文学和宇宙学的发展。每天晚上，世界各地的天文望远镜都在巡视天空。地面上的望远镜也不再局限于在夜晚观测电磁频谱中的可见光部分，那些针对无线电波或者毫米波段的望远镜，在白天也可以进行观测。

天文望远镜实际上承担着两项主要任务。第一项是成像——也就是拍摄天空的照片。我们可以从这些照片中获知很多信息，比如星系中有多少恒星，宇宙中有多少星系。但如果我们透过滤光镜去观察这些照片，比如可以把在蓝光中看到的图像与在绿光或红光中看到的图像进行比较，我们就会发现其中更多的秘密。根据恒星的颜色，我们可以判断它的温度，而根据观察到的星系的颜色，我们可以确定其中恒星正处于生命周期中的哪个阶段。

然而，天文望远镜真正大显身手的地方在光谱学。天文学家可以在更大的尺度上重现牛顿的棱镜实验，分解来自遥远恒星和星系的光。不过现代天体物理学很少使用玻璃棱镜，而是依靠一个被称为**色散光栅**的设备来更有效地实现相同的结果。色散光栅的一个很好的例子是光盘。如果想要看到光谱，即使有一个非常好的棱镜也是很难实现的，因为光线必须以一个非常特定的角度入射棱镜，并在其中两次更换介质（空气→玻璃，玻璃→空气）。但是对光盘来说，你在几乎任何光照条件下瞥视光盘都可以看到非常清晰的光谱。

天文学家究竟要在遥远天体的色散光中寻找什么呢？显然，光谱中包含着光源的丰富信息。它可以显示出这个天体究竟是仅因其具有的温度因为黑体辐射而发光（例如恒星作为光源），还是因为更复杂的超高速和超热物质的其他辐射过程而发光（如活动星系中的超大质量黑洞周围旋转的物质，这种光源被称为**类星体**）。

原子中电子跃迁造成的如条形码一般的谱线会叠加在光源那彩虹状的发射谱上。在恒星中，这些谱线通常被视为吸收线，恒星大气中的原子会由于其电子跃迁而吸收特定频率的光。不过这也取决于恒星大气的物理状态，有时电子从较高能级跃迁到较低能级发射出光子，产生的就是发射线而不是吸收线。

类星体是已知的在整个宇宙中可以观测到的最明亮的天体之一。借助天文望远镜和光谱学，天文学家已经能够揭示这些耀眼巨物的本质。它们的中心是一个黑洞，质量可以达到太阳的十亿倍之多！虽然中心黑洞是黑暗的，但它的周围存在快速旋转的物质吸积盘。物质会因摩擦而被加热，从而使吸积盘发出明亮的光芒，照亮周围大量的气体云。这种加热会激发一个个原子，使其电子跃迁产生明亮的发射线。观测表明这些发射线具有氢元素和碳元素的显著特征。

这些遥远类星体发出的光必须穿越数十亿光年的距离才能到达我们这里。不过，这中间的空间并不完全是空的。各个星系之间散布着大量的气体云，主要是氢元素。当然，与宇宙中的大多数物质一样，这些气体云中也混合了一些恒星中形成的较重元素。当类星体的光穿过宇宙时，氢原子会吞噬掉光谱中某些特定频率的光，留下明显的吸收线特征。不过吸收线在光谱中的位置也会受到宇宙不断膨胀的影响。

电子轨道的量子化和电子在跃迁过程中吸收或发射的确定能量的光线，为天文学家提供了一个了解宇宙的新窗口，使人们能够确定宇宙中各种天体的化学组分，不得不说这是一个科学奇迹。从最近的恒星到可观测宇宙的边缘，看似神秘的宇宙物质被证明和地球上的没有什么两样。并且，如果天上的物质和地上的一样，我们就可以运用地球上的物理定律来理解天上的物质是如何相互作用和演化的。孔德针对宇宙中遥远天体性质的预言失败了，天文望远镜、棱镜以及振荡、跃迁的电子使我们最终洞悉了太空的物质组分。

我们体内的化学元素从何而来？

在本书的第一章，我们探讨了在宇宙大爆炸的高温中化学元素的形成过程。我们提到氘是阻碍元素合成过程的一个薄弱环节，当宇宙中开始可观地形成比锂重的元素时，氘已经变得非常冷，从而成为核合成过程的一个瓶颈。因此已冷却的早期宇宙中只包含那些最简单的化学元素，然而今天的宇宙中有相当多的重元素，从钡一直到铀。这些比氢和氦重得多的元素对我们的生存至关重要。因此我们要问一句：这些重元素究竟是从哪来的呢？

在最初的宇宙高温降温之后，宇宙陷入了可怕的黑暗之中。这段黑暗时期一直持续到恒星出现之前。此时，基本粒子的"热汤"已被质子、氢核以及少量其他轻元素核的"温汤"所取代。与它们混在一起的还有自由电子，不过此时自由电子的温度仍然太高，以至于无法与原子核结合。直到 40 万年后，在一个被天文学家称为**"重结合"**的过程中，电子才与原子核结合在了一起。这是一个令人困惑的名字，因为在这之前电子与原子核从未结合过！

在黑暗时期，引力起主导作用。早期宇宙中的物质分布并不完全是平滑的，而是存在着由暴胀留下的量子涨落，它体现为不同区域的物质密度存在细微的差异。引力会将物质聚集，使某些区域的密度不断增加，形成巨大的气体云。然后，这些云的密度会随着温度的下降而继续增加，通过辐射损失能量。最终，这些云在自身引力的作用下碎裂成无数大块，它们随后经历了坍缩，形成了第一批**原恒星**。

最初，这些在黑暗中的原恒星发光微弱，它们在引力坍缩的过程中由于不断压缩而不断升温。然后，引力继续挤压，原恒星进一步坍缩。

原恒星的中心区域会因其外部区域的质量而被压实，核心的温度和密度开始飙升。同时，内部的原子之间在靠近的同时发生剧烈的碰撞。最终，核心的密度和压强达到了极高的水平，电子被从原子中剥离，形成了等离子体。在这团等离子体中，原子核继续被强迫靠近，靠近到足以进入强相互作用力的力程范围，这使它们被结合在一起。至此，核合成再次开始，恒星将宇宙中那些较轻的元素聚变成为较重的元素。在这些元素合成的过程中，能量得以释放。这种核能会从核心辐射出来并穿过恒星的外层，辐射压提供了一种对抗引力坍缩的力量，并在恒星的整个生命周期中为其提供支撑。在大爆炸发生大约 50 万年后，核能产生的光子从第一批恒星表面透出，照亮了整个宇宙。

尽管恒星中心和早期宇宙有许多相似之处，但相比之下恒星中心的环境有一个重要的差异。这种差异对元素的合成有非常大的影响。在早期宇宙的混合物中，两种核子（质子和中子）的数量几乎相等。合成较重原子核的第一步是将单个质子和单个中子结合在一起，形成氘核。一旦有相当数量的氘核形成，一对氘核就可以被合成氦核。但是，在恒星中缺少形成氘所需的自由中子。在大爆炸时期，任何未被束缚在最初形成的几种元素内的中子都会迅速衰变为质子。因此，第一批恒星的核心主要是自由质子以及一些其他元素的混合物。然后，恒星内部的物理性质与大爆炸时期的物理性质基本相同，因此虽然质子之间可以靠近到足以被强相互作用力所支配，但我们之前提到过双质子的这种组合是不稳定的，它们会立即分解。

总之，若没有制造氘的途径，则前述的为恒星提供能量的方案似乎在第一步就被阻断了。那么恒星是如何克服这第二次氘瓶颈的呢？

实际上，氘的形成并不是在恒星中合成元素的唯一瓶颈。你可能会天真地认为，核合成要做的就是将较轻的原子核碰撞在一起以构建一个更重的原子核，但实际上，核合成过程要比这更加复杂。对于原子核，有些质子和中子的组合，特别是那些中子太少或太多的组合，是不稳定的，原子核会在瞬间分解。此外，如果碰撞的能量过大，可能会形成一个较重的新原子核，但它内部质子和中子剧烈的晃动可能足以使它再次分裂成较轻的元素。

综上所述，在恒星中合成元素似乎是一件困难的事。它似乎需要达成一些看似不可能的条件才能开始，然后在能量方面还需要达成"刚刚好"的条件才能继续。因此，虽然大爆炸为宇宙提供了一些最简单的元素，但我们仍然需要知道所有其他的元素——那些组成你和我的元素究竟是从哪里来的。

量子捷径

为了理解其他元素的来源，我们必须回到前面说过的能量之山上。当你陷入了一个较高的山谷之中，你似乎就需要某种催化剂将你的势能转化为动能，才能让你越过下一个山峰。由于现在宇宙中唯一自由的核子是质子（中子基本上被束缚在了大爆炸产生的氦 -4 中），所以它们现在似乎也需要很多能量来越过下一个山峰。为什么这么说呢？因为质子是带正电的，如果两个质子慢慢靠近，它们将被静电力所排斥。因此，这些质子也面对着一座需要翻越的能量之山，这座山被称为**势垒**。我们之前讨论过被命名为强相互作用力的那种发生在核子之间的相互作用，但在这种情况下它并没有什么用，因为它只在基本粒子的尺度发挥作用。在其他尺度上，电磁力依旧占据主导地位。

例如，思考一下你现在就坐的地方。我不会告诉你，有一个人是坐在一张不舒服的长椅上写下了这句话的。当然，对于正在读这句话的你来说，你也许正幸福地依偎在一张舒适的沙发上。然而不论你是如何就坐的，你实际上都没有触碰到这张沙发。也就是说，你的原子并没有接触到沙发的原子。在原子的尺度，你其实从未触碰到任何东西！怎么会这样呢？这一切其实都是电磁力的作用。在你的原子核周围旋转的电子会排斥沙发的原子核周围的电子。即使把你能想到的最重的重量施加在那张沙发上，你也永远触碰不到它的原子。静电力就是这么强！

　　然而在宇宙的其他地方，极端环境所能提供的力量与我们身体所能提供的那点微不足道的力量相比，要强大得多。在恒星内部，原子之间必须相互接触。并且，它们不仅仅要克服电子之间的静电斥力，而且一旦原子之间足够靠近，它们的原子核也必须克服带正电的质子之间的静电斥力。可见，它们要翻越的能量之山是一座非常陡峭的山峰。所以从经典物理学的角度来讲，它们翻越势垒所需要的动能是如此之大，以至于即使它们克服了静电力的作用，一边的质子也会与另一边的质子发生剧烈碰撞而反弹。那么，它们要如何实现翻越势垒且不反弹呢？答案就在量子物理学的一个特点之中，这个特点使得大部分经典的计算方法在面对量子世界时都不适用了——它就是**量子隧穿**。

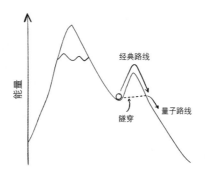

　　物理学家经常对量子理论的反直觉性质怨声载道。然而，量子隧穿却是量子物理学中为数不多容易理解的事情之一。实际上，它想表达的就是它的字面意思。在面对一座能量之山时，你可以不选择翻越它，而是通过隧穿效应直接穿越到它的另一边。然而，隧穿并不是一件容易的事，不能保证它一定能成功发生。在大多数情况下，隧穿事件很少有机会发生，所以物理学家只讨论隧穿发生的**概率**或者统计隧穿的**速率**。隧穿到底有多么重要呢？可以说，在核物理和化学中计算的反应速率，大都是隧穿速率。绝大多数反应过程都是走这条捷径，而不是去翻越能量之山的高峰。当然，对于**单个**原子或分子来说，它们成功发生一次隧穿所需的时间可能和宇宙的年龄一样长。然而，化学要研究的是**大量**相同的原子或分子经历同样的过程。这就像是很多人同时在做一件成功率很低的事情，但至少会有极少数的人成功做到。又或像是一个赌场只谈论获胜的概率或比例，因为它只关心总体上的情况，而不是单个赌徒的输赢。

量子隧穿的概念在经典物理和量子物理之间架起了一座奇妙的桥梁。虽然经典物理的计算不再适用（在经典物理中不可能通过隧穿来穿越势垒），但经典物理的思想仍然有用。经典物理的直觉可以帮助我们建立一个便于思考的模型：我们正处于一个山谷之中，面临着一个不可逾越的山峰，在最后一刻，当一切路径似乎都走不通时，一座横穿山脉的量子隧道出现在我们眼前，解决了我们的困境。我们在量子物理中的很多想法其实都是以经典语言为基础的。对于隧穿，我们可以认为量子物理是在经典物理所允许的路径上又增加了一条路。不过，隧穿只发生在量子物理尺度上，而在经典物理尺度上难以发生。

一种不可能的超强力量

假设你正在参加一个障碍赛跑的比赛。你跑到了一堵墙下，要想赢，你就必须到墙的另一边。不论你想不想，这都是一个物理问题。你的身体需要集结足够多的动能，以达到并超过你在墙的顶部所具有的势能。"不过先别急，"你心想，"能不能通过量子隧穿直接穿到墙的另一边呢？"事实上，你可以这样做。你朝着墙直奔过去，有一定的概率会出现在墙的另一边。但在你尝试之前，你要清楚这种事发生的可能性小得可怜。你可以一辈子都在尝试朝墙直奔而去，但就算你活到了宇宙的终结，你也未必能够成功地隧穿。的确，这种事有概率会发生，但这是一个成功概率极低的赌注。一旦失败，你就会撞得头破血流。

物体隧穿的概率取决于以下几个方面：障碍有多大？物体有多少能量？物体需要走多远？以及物体有多大？物体越大，成功隧穿的可能性就越小。当物体的尺寸已经大到足以被我们的眼睛看到时，它穿过障碍物的概率就几乎接近零，以至于成为一个不可能事件。因此，我们在日常生活中从来没有看到过大尺寸物体的隧穿效应。当你坐在椅子上时，你清楚地知道它会为你提供支撑。否则的话，假设量子力学的规则也适用于人体这样大的物体，你就有一定概率会穿过椅子，一屁股蹲到地板上，甚至隧穿到地板的下面！显然，这没有发生。但是，对于像质子和电子这样小的物质，隧穿是它们首选的传输方式。

量子适宜区

我们在本章的开头讨论了太阳的力量以及它在元素合成当中的作用。请记住，我们正在从最底层开始构建元素——先是一个核子的元素，然后是包含两个核子的元素，再是包含 3 个核子的元素，依次递进。我们在创造更重元素的道路上迈出的第一步是合成出氘核，它是一个质子和一个中子的束缚态，是最小的复合核。但是在太阳的核心，没有任何中子，太阳拥有的只是一堆相互碰撞的质子。因为质子带正电荷，所以彼此之间会强烈排斥，以至于看似永远都不会靠近到足以让强相互作用力将它们束缚。

每一个质子每秒都会与其他质子碰撞数十亿次，却没有与其中某个结合在一起。但在混乱的碰撞之中，每隔一段时间，就会有某两个质子通过隧穿来越过那个将它们隔开的静电势垒。然后，它们就会突然发现彼此之间的距离已经足够接近，以至于强相互作用力可以将它们束缚在一起。它们成为了一个双质子系统！

但正如我们之前所讨论的那样，双质子系统是不稳定的，它会被瞬间分解还原成两个单独的质子。因此，似乎最终一切都没有被改变！但是，在这个过程中还有一种其他的力也在发挥作用，它就是**弱相互作用力**。

弱相互作用力可以实现一件其他几种力都无法做到的事情——将

质子转化成中子！但这种情况发生的概率非常小。也就是说，如果我们可以利用隧穿效应去形成双质子系统，那么就会有很小的概率让其中一个质子转化成为中子，从而在这个系统分裂之前形成稳定的氘核。这种事件发生的可能性究竟有多么小呢？太阳中的质子之间每碰撞 10^{28} 次（一万亿亿亿次），才有机会产生一个氘。可见，这是一个效率非常低的过程，但这是合成更重元素的第一步。

然而，我们的旅程到此还没有结束，因为隧穿效应并不是一个合成更重元素的万全之策。的确，它可以起到克服静电斥力的催化剂的作用，但是其中也有许多其他的影响因素。就好比是做柠檬水，在水中加入柠檬汁再加入糖。如果你放的糖太少，柠檬水就会酸；而放的糖太多，它就会太甜。显然，放糖量有一个较为合适的范围。对柠檬水来说，放糖少点或多点都仍然可以在摊位上正常出售。但对核反应来说，反应能量的合适范围则会更加苛刻一些。

想象一下，有两个网球的表面是由魔术贴制成的。把它们推到一起，它们就会相互粘连。而把粘在一起的网球扔在地上，动能可能就足以把它们分开。现在，我们把这样可以粘连的网球分成两堆，互相投掷。它们必须以足够快的速度投掷，才能够顺利到达对面的位置。在这种速度下，它们需要迎头碰撞才能够粘连在一起，轻微的擦碰则几乎不会对它们有影响。但是，在它们迎头相撞的情况下，如果速度过快，也会导致它们反弹分开。所以必须有一个球速的适宜区间，投掷的球速处在这个区间之内才能让两球成功粘连。换句话说，两球的动能不得大于足以将它们分开的能量。然而，对于这个看似简单的要求，成功率也是非常低的。

在恒星内部高速运动的原子核的行为就类似于这些有趣的网球，但在恒星中所发生的事件主要是由概率而不是由其他因素决定，并且它的发生比网球粘连还要稀有得多。网球需要一个最小的速度才能到达其他网球那里，原子核也是如此。为了使量子隧穿以可观的概率成功，需要给原子核非常多的能量。在恒星中，这些能量可以由引力导致的压强提供。由于恒星拥有巨大的质量，它可以把内部粒子都挤压在一起。若两个原子核想要结合在一起，则结合成的新原子核的能量就要等于原来那两个原子核能量的总和。如果新原子核的能量太高，就会立即分裂，就像网球以过快速度撞击时会弹开一样。

相对来说，网球速度的适宜区可能相当宽泛。然而，对于核反应来说，适宜的目标能量是由量子力学决定的，这意味着只有达到特定的能量才能有效发挥作用，这就像是普朗克在 20 世纪初展示给我们的那样。

当一些正在相互作用的物体具有相互匹配的能量时，物理学家称它们正在发生**共振**。当然，共振的概念并不局限于核物理。比如在音乐中，吉他的空腔放大了弦的振动，这就是一种共振。不同尺寸或不同材料的吉他会以不同的方式发生共振，但它们声音的区别可能非常微小，以至于只有音乐专家才能察觉出其中的差异。在共振时，吉他弦的振动能量会与空腔允许的振动能量相匹配。同样的道理也在你的喉咙发出声音时体现。首先你的身体会将包含多种振动频率的空气从肺部推出，然后下巴、嘴唇、舌头、牙齿和其他器官会相互配合来改变声道的形状，以放大特定的频率。比如吹口哨，如果你单单撅起嘴唇，并不会发出吹口哨的声音，因为这个动作只是在吹空气时放大了人听不见的频率。实际上每个人都可以做出吹口哨的动作，但只有一部分人可以将正确频率的声音放大，发出我们能听到的口哨声。

共振放大了特定的相互作用。具体有哪些交互作用是一个复杂的问题，它取决于许多因素，还要进行大量费时费力的复杂计算。通常情况下，共振的性质很难从核物理和粒子物理的数学公式中确定，我们所能实现最好的方式就是在实验室中测量它们。今天，我们可以绘制出吉他腔体的形状，并使用计算机来模拟它振动的方式，从而确定它的共振性质。然而，对于人体来说，由于你的身体能够以各种复杂的方式塑造声道的形状，因此即使是用计算机也无法确定人体可以产生什么样的共振。可见，20 世纪中期的物理学家在没有计算机，甚至没有粒子物理标准模型的情况下，能够预测出太阳中发生了共振，实在是令人敬佩。

太阳的曲调

这一小节故事的主人公是弗雷德·霍伊尔爵士，他是 20 世纪最有影响力的天体物理学家之一。我们之前说过，他命名了"大爆炸"这一宇宙学事件（尽管最初是个贬义词），另外他在科普以及科幻小说方面也非常有名。其他方面，他还因为一些有关生命起源和宇宙本质的"外行"科学观点而闻名遐迩。但他最著名的观点是对恒星如何运行的理解。

在早期宇宙的核物理中，共振是一个必要的假设，因为一个简单的事实是我们就存在于这个宇宙当中。换句话说，共振是所谓的**人择原理**所要求的。例如，我们知道宇宙中有碳元素存在，人类以及宇宙中的许多东西都是由碳元素构成的。因此，在恒星中必须有某些产生碳元素的途径。根据我们对原子核性质的理解，我们可以推算恒星中较重元素的合成途径，并计算出这些元素在宇宙中预期的丰度。在 20 世纪 50 年代初，科学家首次尝试定义恒星中的元素合成理论时发现，为了解释碳元素的宇宙学丰度，必须假设在适当的能量下发生了共振，促进了碳元素的产生。

事实上，在 1954 年，通过这种推理，霍伊尔预言了碳元素的一个新能级，他认为 3 个氦原子核必须经历前述的共振过程才能最终产生一个稳定的碳原子核。不过在此之前，实验物理学家已经发现了碳原子核的许多种共振模式，但唯独没有发现霍伊尔所预言的这种特定能量下的共振。然而霍伊尔不是一个轻言放弃的人，他缠着实验物理学家更努力地寻找。很快，他们证实了霍伊尔的预言。

所以，原子核就像我们之前讨论的那些会粘连的网球一样，有一个非常狭窄的机会窗口去发生共振。虽然这意味着太阳将较轻元素转化为较重元素的效率非常低，但从某种意义上说，这也未尝不是一件好事。这种轻元素的核聚变使太阳发光，产生的能量为地球上的生命提供了能源。然而，只有合成重元素的反应非常缓慢（或者说低概率），才能使我们舒适地生活在地球上。因为，如果这些反应太容易发生，太阳将更快地耗尽它的氢元素，我们现在将无法继续获得它为我们地球提供的稳定能源。

一件令人深思的事情是，我们身体中的碳和我们呼吸的氧都是在前几代恒星的中心形成的，而且这些恒星在我们的太阳诞生之前就已经存在了数十亿年。而更重的元素，比如宝贵的黄金，则是在宇宙中另一些最极端、最剧烈的事件中产生的。这些事件发生在恒星生命的尽头，我们稍后再聊它们。不过，可以提前透露的一点是，这些事件发生的过程和我们已介绍的过程是类似的：先让相互排斥的原子核之间靠得足够近，使它们通过量子隧穿来越过最后一座势垒，然后让强相互作用力将它们结合在一起。

最后用一句话来总结这一节，你周围世界的一切物质，从所有的原子（包括你身上的原子）到夏日阳光的温度，所有这一切的存在，都要感谢量子物理。

为什么垂死的恒星会粉碎自身？

恒星会将轻元素聚变为较重的元素，从而发光发热。核能释放的速率取决于恒星中心的状况。简单来说，中心的密度和温度越高，元素的转变就越快，恒星发出的光也就越明亮。对于某个恒星来说，中心的密度和温度是由它的质量所决定的。恒星的质量越大，它的引力就越能够将它的核心挤压到更致密、更高温的状态，从而恒星输出的能量也就越多。

最小的恒星是那些刚刚达到了触发核反应门槛的恒星，在它们的内部，氢元素以一种非常平缓的方式转化为氦元素。这样的恒星被称为**红矮星**，它们的质量只有太阳的十分之一。尽管它们发光非常微弱，但这也使得它们的"燃料"消耗极为缓慢，它们的寿命可以长达 100 万亿年。一旦氢元素的燃料消耗殆尽，红矮星的核心温度就会过低，无法将氦元素聚变成更重的元素。这样一来这颗恒星就会在闪烁中冷却，最终沉寂在黑暗之中。

太阳的质量比红矮星的更大，它的核心会受到更强的挤压，在仅仅 100 亿年内就会消耗完它的核燃料。但与红矮星不同的是，一旦太阳的氢元素耗尽，太阳的略高的压强可以继续将氦元素聚变成碳元素和氧元素。这种内部过程的更替将对我们的太阳产生非常深远的影响，导致它的外层膨胀并冷却。太阳生命中的这一阶段被称为**红巨星**，它外层的膨胀将会吞没水星和金星的轨道，甚至可能继续向外膨胀，吞没地球和火星。不过别担心，现在距离这个膨胀过程的开始还有几十亿年的时间。

最终，我们的太阳以及其他质量相近的恒星将会耗尽它们的核燃料。它们的核心将变得足够冷，无法将碳元素和氧元素继续聚变成更重的元素。随着核燃料的耗尽，恒星将经历更多的内部突变。它会随着核聚变逐渐不稳定而有规律地脉动。最后，恒星的外层将在最后一次脉动中被吹散。这就是我们在天文望远镜中看到的**行星状星云**。虽然行星状星云看起来十分美丽，但它们标志着那里是一处恒星的"墓地"。行星状星云的中心会留下一颗白矮星。

一颗质量比太阳还要大数倍的恒星可能会有更加壮观的生命历程。这些大型恒星的巨大引力意味着它们中心的状况并不会有核聚变的障碍。氢元素会被迅速聚变成氦元素，然后氦元素被聚变成碳元素和氧元素，接着再聚变成更重的元素。因此，超大质量恒星可以在数千万年内多次更新它们的核燃料，使得前一轮核反应产生的物质成为下一轮核反应的原料，由此不断调整自身内部的结构。

一颗质量约为太阳 10 倍的恒星需要花费大约 1000 万年的时间来消耗其内部的氢元素，然后用大约 100 万年的时间来消耗氦元素。再往后由氦元素聚变生成碳元素，可能只持续了几百年。而由碳元素聚变生成氧元素可能只花了几百天。最后一个阶段是由氧元素聚变生成硅元素，只需要几小时就会结束。此后核聚变过程就逐渐停止了。

硅元素聚变的产物是铁元素，而铁的原子核是非常特殊的。在铁核中，质子和中子的结合极其紧密，如果你想将铁再转化为其他元素，你需要输入大量的能量来克服它的这种紧密结合。这意味着，与其他释放能量并让恒星发光的核反应不同，铁的核反应过程会吸收能量。因此，一旦恒星的核心中充满了铁元素，核聚变过程就会完全熄灭。

如果没有辐射压从恒星核心向外提供推力，那就没有什么可以阻挡引力的作用。恒星的外层会自由向内坍缩，挤压已死亡的恒星心脏。这样一来，挤压力就会将核心的温度和密度推向极端，此时，核心就有足够的能量来将铁元素转化为更重的元素。最终，恒星的核心会被压碎。对于大多数大质量恒星而言，这种挤压可能会导致毁灭性的后果——形成一个黑洞，然后恒星的外层会在剧烈的爆炸当中被抛开。而对于质量稍小的恒星来说，挤压的结果是形成一颗密度极高的死亡恒星的心脏，它被称为**中子星**。

在外层坍缩对恒星核心造成强烈挤压的过程中，一些奇怪的事情开始发生。质子和中子以极高的密度聚集在一起，强相互作用力从通常将核子聚集在一起的吸引力变成了一种排斥力。然后恒星开始爆炸，正在下沉的恒星外层被向外推挤。在这种超致密、超高温的环境中，有非常多的能量在其中流转，就连铁元素也可以被融合成更重的元素。

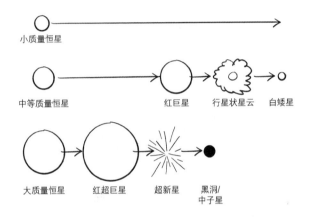

在这种情况下，我们就会看到宇宙中最壮观的事件之一，即**超新星**。这颗垂死恒星发光的亮度可以在几周的时间里超过其所在星系中数十亿颗其他恒星的亮度之和。超新星的诞生可谓是摧枯拉朽，但导致恒星生命的尽头出现如此壮观事件的原因并不在于这个过程中产生的超重元素或强烈的高能辐射。相反，它是由一种微小、奇特的幽灵般的粒子所引发的。这种粒子的比重即使在超新星诞生时都极为稀少，它就是**中微子**。这种微小到近乎于无的粒子究竟是怎么把一颗恒星粉碎的呢？

恒星物质的配方

为了理解这个过程，让我们以做蛋糕的方式打个比方。我们将 1/2

杯黄油、3/4 杯糖、2 个鸡蛋、2 杯自发面粉以及 2/3 杯牛奶混合在一起。然后将混合物倒入一个较深的蛋糕烤盘中。现在称一下装着配料的烤盘，它大约是 1kg。然后，把它在预热至 180℃ 的烤箱中烘焙 45 分钟。冷却之后，再称一下装着蛋糕的烤盘，只有 850g 了。当你在享用这个黄油蛋糕时，请想一想为什么烤熟的蛋糕会比原料质量小一些？要理解这一点，让我们忽略掉烘焙过程中那美味迷人的化学，只做数学运算。如果原料和烤盘总质量 1kg，而蛋糕和烤盘的质量只有 850g，那么显然有 150g 的原料在制作过程中不翼而飞了。但究竟是哪种原料呢？我们来调查一下。

我们发现，原料中含有液体，而蛋糕是干的（当然，也不是太干）。尽管配方中没有明确显示水的成分，但黄油、鸡蛋和牛奶中都含有大量的水分。水会在烤箱里那种高温干燥的环境下蒸发。所以我们假设，减轻的质量是水的质量。事实上，如果你将烤箱通风，收集其中的空气并冷却，使水蒸气凝结成液态水，你就会发现得到的水的质量刚好是 150g。看来谜团被解开了！

但请等一下，这与超新星或者物理学有什么关系呢？我们之前提到过这个想法背后的一个重要的概念——守恒。对于烘焙，我们感兴趣的是质量守恒。也就是说，在大多数日常情况下，质量从未被创造或消失。运用这个守恒定律，通过简单的算术就可以告诉你缺失的成分在哪里。

在 20 世纪 30 年代初，物理学家们发现在核反应中缺失了某些成分。在这本书的前半部分我们提到过，在宇宙的早期阶段，自由中子可以衰变成质子。然而，一个自由质子却不能衰变成中子，这就是今天宇宙中质子比中子多的原因。但这里有一些貌似不太合理的地方。中子不带电荷，而质子带正电荷。因此中子直接转变为质子必然会违反电荷守恒定律。为了保证电荷守恒，中子衰变为质子的同时必须伴随产生一个电子，这正是我们的实验所显示的。

然而在历史上，衰变过程中电荷是否守恒从来没有成为一个**真正的**

问题，因为额外产生的那些电子在中子的衰变过程中是非常显眼的。实际上，按照时间顺序来讲，电子的发现要早于中子。电子最早是在研究放射性的背景下被发现的。这种类型的放射性使得质子被留在原子核中而电子被射出，许多实验都可以检测到这种现象。事实上，电子的许多特性都是可以测量的。经过测量人们发现，在中子衰变到质子和电子的过程中，除了电荷守恒看起来保持正常之外，其他的许多性质貌似都不太合理。首当其冲的是能量守恒，测量显示初始中子的质量和能量要大于产生的质子和电子。所以，就像水在烤箱里蒸发了一样，在这个过程中有些东西不见了。

物理学家沃尔夫冈·泡利首先提出，丢失的能量可能是作为另一个粒子被发射了出来。由于电荷已经守恒，所以这个新粒子必须不带电荷，是中性的。人们还假设这个新粒子的质量很小，甚至根本没有质量，这使得它在运动上很像是构成光的光子。另一位物理学家恩利克·费米因此将其命名为"微小的中性粒子"，或者简称为**中微子**。

人们首次探测到中微子是在 1953 年的一次实验中，而运用守恒定律预言中微子的存在是在这之前好多年。当然，也比我们现在钟爱的粒子物理标准模型最终确立要早好多年。在美国新墨西哥州的洛斯阿拉莫斯的美国国家实验室里，弗雷德里克·莱因斯和克莱德·考恩使用 300L 水建造了一个中微子探测器（他们使用水作为探测介质是因为水的密度高、来源广泛且无毒）。当中微子撞击水分子时，可以探测到伽马射线的产生，由此可以发现中微子的存在。事实上，他们在这项实验当中还检测到了反中微子，后来又发现了许多其他类型的中微子（称为不同**味道**的中微子）。在标准模型当中总共包含 3 种味道的中微子，当然，也包含它们对应的反中微子。

可见，标准模型是一项伟大的科学成就。虽然第一眼看上去，它可能看起来非常复杂，包含许多有趣的专业术语，包括费米子和玻色子、夸克和电子等。但它是对我们所有物理知识的一个极其精练的总结。我们至今还没有找到标准模型的一种替代理论，去更好地预测我们在宇宙的最基本层面上发现的所有粒子和力。因此，标准模型仍然是我们拥有的最好的理论，尽管我们知道它存在很多疑难，稍后我们会详细讨论这些疑难。目前，我们知道组成物质的基本粒子有 12 种，其中有 3 种是中微子。每种粒子都有其独特的性质，但只有中微子是只参与弱相互作用力和引力的粒子。

自然力强度排名

		力程	相对强度
引力	○→ ←○	∞	10^{-36}
弱相互作用力	(N)⊕→ ⊖	10^{-18}m	10^{-7}
电磁力	⊕→ ←⊖ ⊕→ ←⊕	∞	1
强相互作用力	(N)⊕	10^{-15}m	10^{2}

　　引力已经是 4 种基本力中最弱的力了，而就我们所知，中微子的质量出奇得小，以至于它几乎不受到引力的影响，所以我们可以忽略引力对中微子的作用。然后对弱相互作用力来说，它的力程类似于质子与中子之间的强相互作用力，也非常短。因此这一切意味着，中微子在偶然撞击到另一个粒子之前，通常会悄无声息地传播相当远的一段距离。因此，它被通俗地称为**幽灵粒子**。

　　虽然中微子极难与其他粒子相互作用的性质可能会让致力于探测中微子的科学家感到沮丧，但实际上，我们应当为它的这种性质感到庆幸。因为每秒大约有 100 万亿个中微子飞向你的身体，而这种极难发生相互作用的性质保证了它们可以无害地通过你的身体，不会对你造成影响。但在同样的一秒里面，还会有大约 100 个来自太空的高能粒子，即宇宙射线，轰击我们的身体。这些宇宙射线可能会严重破坏你的 DNA，从而成为癌症的潜在来源。

制造中微子

现在我们要问，这些穿过我们身体的中微子都是从哪来的？其实，在许多涉及粒子融合或衰变的过程中，都可以产生中微子。其中一些中微子可能从宇宙诞生之初，第一次亚原子反应开始发生的时候，就已经存在了。此外，还有许多中微子来自太阳。在太阳的核心深处，氢核正在聚变成氦核；由于弱相互作用力的作用，这个过程中的一个重要的副产物就是中微子。除了中微子和我们熟悉的光子，太阳还会向我们发射高能质子。这些高能质子以及其他宇宙射线会轰击大气分子，并发生通常在大型粒子加速器中才能见到的那些剧烈的核反应。这些反应会级联簇射[10]产生更多高能中微子。结果就像是科幻电影中的场景一样，我们正沐浴在无数的中微子当中，而这些中微子就如同幽灵一般无时无刻不在穿越我们的身体。

在这些不断穿过地球的中微子背景中，中微子的计数会出现一些短期的峰值。这些峰值就是恒星爆炸之前发出的信号。事实上，我们可以毫不夸张地说，在我们观测到恒星爆炸发出的光子之前（这些光子有时甚至可以用肉眼看到），中微子就已经到达地球了。

那么爆炸的恒星是如何产生中微子的呢？让我们想象一下，一颗非常大的恒星，它的质量超过了太阳的 10 倍之多。我们已经看到，在恒星熄灭以及它的外部坍缩之前，恒星中心的核熔炉从氢元素聚变至铁元素的过程可以长达数千万年之久。我们也已经提到，在恒星爆炸的情形中，一些比铁元素更重的元素也能够被合成，但与此同时，在已破碎的恒星核心的内部也有一些其他的过程正在发生。

直到那颗巨大恒星熄灭之前，它的核心一直是一个大铁球。地球上的每一个铁原子都有 26 个电子围绕着原子核运行，但对于恒星内部的大铁球而言，在恒星火焰熄灭前的极度高温下，没有一个铁原子核能够将

10　级联簇射指前一轮粒子反应的产物又去激发后一轮粒子反应的过程，按这种方式一直连锁反应下去会产生大量的粒子。——译者注

电子束缚住。不过这些带负电荷的微小电子仍然存在，它们在恒星内部混乱无章地运动着。一旦恒星的火焰熄灭，这些电子将在恒星的最终毁灭过程中起到非常重要的作用。

恒星的外层挤压到核心上时，铁原子核就会被迫聚集在一起。此时这些原子核之间是如此地接近，它们各自不再独立。这样一来，恒星的核心实质上就变成了一个巨大的原子核，一个由质子和中子组成的巨大球体。但与普通原子核不同的是，此时电子仍然被混合在核心当中。

在这种我们永远无法在地球上重现的极端环境下，电子被挤压至质子当中，然后通过弱相互作用力合成了中子。而在弱相互作用力参与的每一个过程中，都会产生一个中微子作为副产物。由此，随着大量的中子（大约 10^{60} 个）被合成，数不清的中微子从恒星的核心当中被发射出来。令人震惊的是，物理学家已经探测到了在这种极端事件中产生的中微子。

SN1987A——这串字符对 99.99% 的人来说可能毫无意义。但对于天文学家来说，这串字符则是非常熟悉。这是大麦哲伦星云（银河系的一个卫星星系）中的一次超新星事件的名字。SN1987A 这个名字的意义是 1987 年 2 月下旬，在地球上首次探测到了超新星爆发事件中的中微子。事实上，这是近 4 个世纪以来从地球上可以看到的最亮的超新星。这颗肉眼可见的暂星[11]至今仍然是许多天文学家研究的对象。

但请等一下。我们是如何从 SN1987A 中探测到中微子的？也就是说，我们要如何检测到这种似乎无法被探测的东西？

首先，给大家提醒一下做到这件事到底有多么难：中微子与其他物质（比如铅原子）的相互作用是如此之弱，以至于一个中微子可能需要穿越几光年长的固体铅，才能与其中的一个铅原子发生相互作用。那么，我们该如何探测中微子呢？答案是通过一些相当激烈的物理实验。除了放置在人工中微子源（比如粒子加速器和核反应堆）附近的探测器

11　暂星指只在很短的一段时间内可以观测到的星体，我国古代又称为客星。——译者注

之外，还有许多中微子天文台在寻找宇宙中的高能中微子源。一个例子就是日本的超级神冈实验，或者称为 Super-K，它是一个埋在地下 1km 的中微子探测器，其中罐装了超过 5 万吨纯水。另一个例子是南极的冰立方实验，它被深埋在南极的冰层之下。这些实验以及其他的一些中微子实验为了寻找中微子，在科学和工程方面都走向了极致。

科学家们在试图探测宇宙中微子时所要寻找的任何信号都是十分微小的。由于大多数中微子都是要穿过地球的，所以深埋在地下或冰层下的探测器上方的地面可以充当一个屏障，以屏蔽掉其他所有可能淹没中微子信号的粒子。但即使在地下深处，中微子的信号也小得可怜。在 SN1987A 的例子中，3 个中微子观测站总共检测到了多达 25 个中微子。当然，与我们知道的每秒通过你身体的 100 万亿个中微子相比，这 25 个中微子在现在看来是一个微不足道的数字。但这 25 个中微子的能量以及它们同时到达地球的事实，还有通过传统天文手段对 SN1987A 的观测数据，都为我们提供了令人信服的证据，足以证明这些中微子来自坍缩恒星的核心。

中微子在一颗垂死恒星的核心中起着双重作用。正如我们所提到的，在我们用望远镜观察到 SN1987A 事件发出的光之前，中微子就已经到达地球了。实际上，中微子比光整整提前了 3 小时！正因为如此，人们设计了一个超新星预警系统，它是一个由中微子天文台组成的网络，旨在最早探测到附近超新星发出的信号。为什么中微子可以在光和其他物质之前到达地球呢？这正是因为许多中微子能够完全不受影响地穿过这颗垂死恒星致密的铁核心。而光和其他物质由于相互作用更强，会在核心当中受到阻碍，所以需要更长的时间才能逃出核心，穿越到星际空间当中。然而，只有一小部分中微子被用于加热喷出的物质以及星际气体，所以中微子的数量仍是绝对多的，这最终导致了向外的爆炸冲击波。

当恒星爆炸时，超新星失控的核反应会产生大量的中微子。但是，任何单个中微子与恒星原子相互作用的概率都非常小，大多数中微子直接逃逸并迅速进入了宇宙当中。不过，中微子的数量实在是太多了，以至于即使只有其中的一小部分碰撞到了恒星的原子上，也会在整体上产生巨大的冲击力——足以粉碎整个恒星的冲击力。

一旦这场壮观的表演结束，那颗已成为超新星的恒星可能就所剩无几了。正如我们所提到的，大多数大质量恒星的核心最终都会被摧毁，形成一个所谓的黑洞。稍后我们再介绍这种奇特的天体。

对于质量较小的恒星，它们的核心仍会保留，但核心此时已被极度挤压。一个超过太阳质量的核心最终会被挤压成一个直径只有 20km 的球。这种天体基本由聚集在一起的中子构成的，被称为**中子星**。它们是宇宙中最极端的天体之一，其表面的引力是地球引力的 1000 亿倍。我们现在不太了解中子星的细节，它们的内核可能非常极端，甚至连中子都被粉碎，满是自由夸克在其中游荡。但有一点我们是清楚的，中子星就是我们所看到的脉冲星。它们在整个银河系中都有分布，有规律地闪烁，发射无线电波。最终，它们会冷却，并会在经历了比当前宇宙年龄更长的时间后沉寂在黑暗之中。

不过，有一个谜团仍然存在。与普通恒星不同，中子星内部没有核聚变，它不会被来自核心的能量流所支撑。那么，是什么阻止了中子星在引力的作用下继续坍缩呢？你可能已经猜到，量子物理将在这里发挥巨大的作用，但这就是本书后面才会讲到的故事了。

整个宇宙是量子的吗？

我们要如何描述整个宇宙呢？乍一看，这似乎是一个非常奇怪的问题。但要理解为什么这个问题很重要，我们必须以物理学家的方式思考。

物理学是什么？物理学家在做什么？这些可能有点难以定义。不过我们可以认为，他们在自然界、在宇宙中进行观察和实验，并用法则和定律来解释他们所看到的现象。在教科书中，我们会看到实验物理学家运用望远镜、显微镜以及示波器来探索自然世界。而揭示这些定律则是理论物理学家的职责。理论物理学家是数学语言方面的专家，他们精于使用方程来描述我们周围的物理世界。然而，理论与实验之间看似明显的鸿沟并不一定会反映在现实的研究当中，许多科学家在理论和实验这两个阵营中都有涉足。

艾萨克·牛顿是最伟大的科学家之一，他对理论和实验都十分擅长，此外对炼金术和所谓的神秘学也有涉猎。牛顿在我们这个故事中非常重要，因为他是最早采用数学方法进行科学研究的科学家之一。

牛顿的研究工作完成于 17 世纪。他在伽利略的研究工作的基础上，揭示了 3 条运动定律，其中最为人熟知的一条定律可能是牛顿第三定律："对于每一个作用力，都有一个大小与之相等但方向相反的反作用力。"虽然物理学的初学者们学习的是牛顿物理定律的文字描述，但他们知道，真正能够发挥作用的是这些定律的数学形式。比如说，牛顿第二定律可以表述为："物体动量的变化率与它被施加的力成正比，并且方向与该力的方向相同。"而在数学中，它可以被简化成更紧凑、更有用的方程形式，也就是 $F=ma$。

通过这个数学方程，你可以预测宇宙中的物理过程。例如，如果你想发射一个太空探测器穿越太阳系来探索一颗遥远的彗星，你将会用到牛顿运动定律和万有引力定律来确保太空探测器和这颗彗星于同一时间到达太空中的同一位置。然而，仅仅知道数学定律是不够的，要做出科学预言，你还需要知道你的"起点"在哪里，或者用数学语言来说，你要去给定方程的"初始条件"。

想象一下，你发现了一张藏宝图，上面写着："向前走5步，然后左转。再走3步，然后再左转。最后再走2步就可以挖掘宝藏了。"如果你不知道自己的初始条件，也就是说你不知道应该从哪里开始走，朝哪个方向走，那么藏宝图上写的这些话对你来说就完全没有用处了。

研究物理学的不同方面需要了解不同的初始条件。比如你想研究行星和彗星绕太阳的运动，你就需要知道它们一开始的精确位置以及速度。将这些信息输入数学方程当中，你就可以预测明天甚至未来那颗行星的位置。如果你生活在古代，这可以让你依靠准确的占星术而发财！当然，你可能会对此嗤之以鼻，但在历史上，准确追踪天空中行星的相当一部分动机都是为了实现占星术。

物理定律的这种"实际"应用不仅适用于行星运动和占星术。热力学领域的发展就源于工业革命的需要，人们需要了解一台由热能驱动的机器能做多少功。在这种情况下，你需要知道温度、压力等物理量以及从一处到另一处的能量流。然后利用热力学的数学定律，你就可以计算蒸汽机的效率。运用同样的物理定律，你也可以去计算一个冰块在酒杯中融化需要多长时间。

在 19 世纪末，科学家逐渐认识到了一切物体都是由原子构成的，而热力学所研究的气体是由数不清的相互碰撞的单个原子所组成的。温度和压强等物理量其实都是所有原子振动在宏观上的体现。似乎人们已经找到了热力学的微观起源，但是，在热力学的细节中是否还隐藏着一些未知的秘密呢？

麦克斯韦妖

理论上，如果我们知道某种气体中所有原子的精确位置以及它们的速度和运动方向，我们就可以计算出它们未来的运动路径和碰撞情况。这似乎意味着我们不需要热力学就可以确定气体的状态。但在实践中，各自运动的原子的数量实在是太多了，以至于我们无法实施如此庞大的计算。

电磁场方程的创始人詹姆斯·克拉克·麦克斯韦也思考过这个问题。他考虑气体中原子的运动，假想存在一个全知全能的小**妖怪**，它可以看到每个原子并精确地知道每个原子的性质。同时，这个妖怪也会知道宇宙中所有原子和光子的精确位置和速度。然后，它就可以在理论上计算出所有原子各自未来的演化。

在被牛顿和爱因斯坦的理论所定义的宇宙中，物理定律是完全确定的。所以妖怪需要做的就是使用所有原子、光子当前的位置与速度作为初始条件，然后求解牛顿和爱因斯坦的方程来告诉我们未来所有原子和光子的位置。

当然，在现实中并没有妖怪，预测所有粒子运动的壮举是不可能完成的。但在理论上，物理定律并没有禁止存在一个全知全能的妖怪来执行以上的操作。麦克斯韦妖的概念已经被争论了 150 多年，而到今天，辩论仍在激烈地进行着。麦克斯韦妖背后的含义是热力学与**信息**的概念息息相关，它表明了麦克斯韦妖的争议之处。我们都知道信息是对事物或环境的描述。而另一方面，热力学则是有关热量和能量流动的理论。这两个概念听起来是如此不同，区别是如此明显，以至于它们关联在一起似乎是一件非常奇怪的事。

在某些意义上，麦克斯韦妖代表了一种激进的假想。它不应当被允许存在，所以人们需要寻求某种解决方案来模糊热力学和信息之间的联系。而许多反驳麦克斯韦妖的人都使用了我们现在所信任的研究工具——量子物理。

当我们考虑到量子物理的定律时，对粒子运动的预测就与之前大不相同了。正如海森堡所告诉我们的那样，粒子不能同时具有明确的位置和速度。所以麦克斯韦妖的想法实际上已经宣告破产了。我们知道微小物体的物理定律是由量子力学控制的，所以如果我们要计算整个宇宙的演化，就必须考虑到量子力学的影响。量子力学不是用粒子的位置和速度去描述它的状态，而是用更深奥的波函数，我们将在下一节中讨论这个概念。波函数的存在意味着粒子并不是一个个独立的个体，而是与其他粒子纠缠在一起的。所以一组电子并不是由一组分立的波函数所描述，而是由单独一个波函数所表示的。将这种思想扩展到宇宙中的所有原子、粒子和光子，这是否意味着我们只用一个波函数就足以描述世间万物？是否意味着宇宙作为一个整体是量子的？

波函数是一个很难理解的概念，物理学家至今仍在争论有关它的问题。对于波函数的物理意义，现在有许多种可能的诠释方式，比如玻姆诠释、埃弗里特诠释、量子贝叶斯主义和哥本哈根诠释等。每种诠释方式都有各自坚定的拥护者。但究竟什么是波函数的诠释？为什么它需要被诠释呢？为了搞明白这个问题，让我们再次回顾 20 世纪初的量子力学发展史。

量子诠释者

当海森堡和其他人正在发展矩阵力学以试图理解不确定性原理时，埃尔温·薛定谔和他的同事们正在研究一种似乎与矩阵力学完全不同的量子物理理论。当时，由于麦克斯韦电磁波方程的广泛应用，人们对波动的物理学有着较为成熟的理解。

薛定谔所发展的理论就是量子物理中"波函数"的运动方程，现在被称为**薛定谔方程**。与牛顿和麦克斯韦的运动方程类似，薛定谔的运动方程也遵循了理论物理学的常见范式，即一旦初始条件已知，就可以求解方程来预测未来任何时间的波函数。

但故事并没有就此结束。薛定谔的波与我们所熟悉的那些把能量从一处传递至另一处的波非常不同。它也没有以某种方式反映被研究物体的某些物理特征，例如，电子的波函数并不反映电子的准确位置。马克斯·玻恩证明，波函数可以用来表示测量到某种结果的概率。然而，考虑到在量子理论出现之前的所有确定性的物理定律都取得了巨大的成功，这种引入了不确定性的数学诠释一开始并没有得到许多人的青睐。你可能听说过爱因斯坦的那句著名的抱怨："上帝不掷骰子！"然而，玻恩解释说明了波函数的确涵盖了海森堡发现的那种不确定性，所以薛定谔方程与矩阵力学在某种程度上是一致的。最终，玻恩对薛定谔方程的统计诠释令人无可置辩，进一步反映出了量子力学是一种有关概率的物理理论。

量子理论在最初发展过程中的混乱局面在今天看来可能令人难以理解。现在，在世界各地的物理课堂上，学生们都会学习薛定谔方程，并被告知这个方程可以预测实验的结果。波函数及其方程为我们提供了预测、操控并最终改造物质的方法。物理系学生的作业里面也充满了求解各种形式的薛定谔方程的问题。一个常见的例子是求解氢原子的薛定谔方程。这种情况下方程的解是由被称为球谐函数的复杂函数所构成的，它准确地描述了氢原子内部的能级。这些球谐函数生成了在物理和化学教科书中可以看到的那些漂亮的电子**轨道**形状。学生们被告知，这些形状就是电子位置的某种模糊表示，电子大概率就在那些区域当中。

但几十年来，"波函数究竟是什么？"这个形而上学的问题一直没有令人满意的答案。许多学生向教授提问这个问题，都会得到那个敷衍的回答："**别问那么多，会计算就行**。"因此，到目前为止，对绝大多数物理学家来说，波函数只是一种计算工具。但是人们的好奇心是很难被满足的。对于许多量子物理学家来说，他们以两种态度来面对自己的研究。首先，给定一个定义明确的问题，量子物理学家确实只会闭嘴计算。然而，当计算完成并开始思考其意义的时候，量子物理学家永远不会满意于自己对波函数的理解。他们对量子物理的疑问体现在许多方面。比如，量子物理学如何理解"实在性"？波函数对应于现实的哪一部分？量子理论中的概率究竟是现实的一部分，还是说，它仅仅是我们对量子理论的粗浅认识？

波函数的诠释方式与人们对概率的理解密切相关。这可以被划分出两大阵营。第一个阵营认为概率是**客观的**，是真实存在的。例如，当我们说掷一枚硬币出现正面的概率为 50% 时，这种概率是硬币的真实属性。对赌场老板来说，他可以根据这个概率来试图识别有没有被动过手脚的硬币或骰子，以此来平衡赔率，保证公平。在 20 世纪的大部分时间里，数学家和统计学家也持有这样的观点。这反过来又对当时的物理学家和哲学家产生了深远的影响。

第二个阵营认为概率是主观的,只存在于观察者的头脑当中。比如在硬币的情形下,是"我"给硬币正面分配了 50% 的概率,而不是硬币本身的性质。"我"不知道这枚硬币是否公平,所以"我"只能将投掷正反面各分配 50% 的概率,除此之外别无选择。所以,对于那些支持"概率主观论"的人来说,概率只是代表个人期望的数字。虽然近几十年来这种解释在统计学家和物理学家的群体中逐渐流行,但至今人们对这一问题仍然没有达成共识。

宇宙尺度的波函数

概率的这些诠释方式在量子物理学中也有反映。在波函数的语境下,一个阵营坚持认为波函数直接对应于现实,认为波函数是我们世界中的一个实在的部分。而另一阵营则认为波函数是主观的,是科学家个人头脑中的东西。科学家们利用波函数去计算得到结果,仅此而已。这个问题实际上没有正确答案。然而,如果你倾向于波函数是客观存在的,那么你可能也会被所谓**宇宙波函数**的想法所吸引。因为如果波函数对应于现实,那么反过来也应该成立。也就是说,所有现实之物,包括整个宇宙,都应该具有波函数。

宇宙波函数的概念并不新鲜,它在 1956 年的时候就首次出现在了休·埃弗里特三世的博士论文当中。埃弗里特基于这个想法发展出了许多奇怪的结论。特别是,他那著名的**多世界诠释**,我们很快就会讨论它。而其他人,包括斯蒂芬·霍金这样的物理学家,则对多世界的概念非常谨慎。

宇宙的波函数也服从薛定谔方程,因为所有波函数都必须被量子物理所描述。在每个时间点,方程会告诉我们整个宇宙的一个波函数。将方程逆时间往前推,我们最终会得到时间起点处的波函数。这正是宇宙的初始状态。波函数可以告诉我们物质各种各样有用的性质。我们已经讨论了真空涨落和神奇的相变,例如驱动暴胀的暴胀子的产生。宇宙初始的量子波函数也应当具有这些性质。

波函数的任何诠释所面对的问题归根结底出在所谓的**观察者**身上。量子物理学作为有史以来最精确的科学理论，却要求薛定谔方程在观察者对物理系统进行观测时失效。当观察者执行观测行为时，方程中的时间就像是被重置了一样。波函数不再随时间有规律地演化，而是立刻发生剧烈变化，这一过程被称为波函数坍缩。波函数往往被认为是隐含了这样一种思想——一切可能发生的事情都终将发生。然而，作为观察者，我们最终只会看到其中的某一种可能性。例如掷硬币要么是正面要么是反面，不会既正又反。不过，如果仅凭我们就能够将波函数坍缩，那么整个宇宙怎么能用波函数来描述呢？毕竟一个观察者的行为足以改变整个宇宙的波函数。另外，谁被允许作为观察者呢？科学家可以吗？老鼠可以吗？政客可以吗？

忽略掉观察者意识的种种问题，每个人都同意我们人类是由物质组成的，对吧？因此，我们人类本身也应该可以被量子物理学所描述。的确，我们应当是宇宙波函数中的一部分变量。但在我们看来，我们并没有感知到这些。多世界诠释是科学领域之内最具争议的观点，同时也是科学领域之外最受欢迎的观点。最初由休·埃弗里特三世提出的这个观点仅仅是量子物理学中的一家之言，但许多写科幻故事的人以及科幻电影制作人都全心全意地采纳了这个想法。

然而，在物理学界，多世界诠释引发了热火朝天的学术争论。多世界理论声称只有一个波函数，即宇宙波函数，它永远根据薛定谔方程演化。一切可能发生的事情都会发生。由于多世界诠释中的波函数对应于现实，并且它似乎隐含了多种可能的现实，所以这些现实都必须存在，理论上就应该是这样。最终，多种可能的现实，产生了多个不同的世界。

在多世界诠释的多种不同的现实当中，观察者会获得截然不同的观测结果。你可能会看到硬币正面着地，也可能会看到它反面着地。根据多世界理论，这两种情况都同样是真实的。假设你是看到硬币正面的观察者,那么对你来说,硬币正面着地就是唯一的现实。但多世界诠释表明,在另一个世界存在另一个观察者,他或她在各个方面都与你完全相同,只有一点不同就是他或她看到的是硬币反面着地。这两种情况是并行的现实,都是那庞大且不断演化的宇宙波函数的一部分。

在结束本章之前,我们确信读者会惊讶于整个宇宙只有一个波函数这个概念。现在我们已经从某种意义上的脚踏实地的科学,步入了科学推测的阶段。有些人甚至会认为我们正打着科学的旗号做白日梦。但在现实中,我们正在触及量子力学和广义相对论之间的模糊地带。我们不知道是否可以用波函数来描述宇宙,只能说这是一个推测性的想法。

现在,是时候抛开宇宙波函数的概念了,让我们看向宇宙那似乎无穷无尽的未来。明天的宇宙将与今天的宇宙大不相同,我们必须结合量子力学和广义相对论,在它们之间做出更多的推测,才能想象宇宙的未来可能是什么样子。未来,引力和其他基本力将仍在塑造宇宙的过程中争夺主导地位。是时候看一看未来的宇宙将会多么有趣和古怪了!

第三章

宇宙的量子未来

为什么黑洞不是所有恒星的结局？

通过前面的章节，我们认识到恒星也是有生命历程的。它们诞生，它们演化，最终它们也会走向灭亡。恒星如何灭亡取决于它的质量，因为这决定了引力造成的挤压强度，从而决定了其核心的核反应速率。这意味着，只有一部分恒星可以在一声怒吼中结束它们的生命，但对更多恒星来说，它们的结局更像是一声呜咽。

让我们重新审视那些超大质量恒星。正如我们所见，这些恒星可以在巨大的超新星爆发中壮观地结束它们的生命，发出的光芒可以穿越整个宇宙被我们看到。在那里，一整个恒星被无数幽灵般的中微子所粉碎。现在让我们回顾一下恒星灭亡时其内部究竟发生了什么。

随着一颗大质量恒星的演化，其核心的核聚变会一直持续到产生铁元素为止。但铁元素不同于在它之前出现的所有其他元素，将铁元素聚变为更重的元素实际上会吸收能量而不是释放能量。最终，恒星核心的核反应突然间停止，辐射向外的支撑作用消失。再没有什么可以阻止引力对恒星核心的无情挤压，恒星就会自行向内坍缩。其核心密度会飙升，温度也会飙升，当铁元素被迫合成更重的元素时，中微子最终爆发并被释放，导致了恒星的爆炸。

当然，不是所有的恒星都能成为超新星。随着恒星核心密度的增加，引力向内的拉扯作用也随之增加，这进一步加速了恒星的坍缩。在某个时刻，恒星的密度超过了一个临界点，然后就再也没有什么能够阻挡引力向内的拉扯，一个黑洞就形成了，它的质量通常比我们的太阳要大好几倍。这个黑洞是大质量恒星的残余物，它的周围满是恒星爆炸后不断膨胀时留下的外壳碎片。

对于质量稍小的恒星来说，过程是类似的。但是，尽管它的密度和引力也可以随核心的坍缩而飙升，但其从未达到形成黑洞的那个临界点。在这种情况下，坍缩是可以停止的！但这只有在电子被挤压至原子核的质子当中，合成中子之后，才会发生。由此产生的星体完全由中子组成，被称为中子星。它的环境非常奇怪，与地球上的任何一处都不相同。

而对于一颗质量更小的恒星而言，比如我们的太阳，它的灭亡则没有那么壮观。太阳的寿命预计为110亿年，现在它已差不多经历了一半的生命历程。当它的生命接近尾声时，随着越来越重的元素被合成，它的内部密度会不断变化。太阳没有足够的引力去产生铁等元素，但其内部结构的变化将使它的尺寸膨胀得非常巨大，从而成为一颗红巨星，并最终膨胀到足以吞噬掉火星。其不稳定的核反应将导致其脉动越来越猛烈，直至把它的外层扩散出去，只留下恒星的核心。

这颗恒星的死亡核心被称为白矮星，它是恒星核心极度炽热和稠密的残余物。它的尺寸与地球差不多，但质量与太阳相当，不过它将不再能够发生任何核反应。白矮星的热量将为其提供一个向外的支撑，至少在一段时间内可以制衡引力。虽然在诞生初期非常炽热，但这颗白矮星终将耗尽余热开始冷却，并在数百亿年后变得与宇宙微波背景一样寒冷，成为一颗真正的死星，这被称为黑矮星。白矮星最终冷却到宇宙微波背景的温度所需的时间是相当长的，比当前宇宙的年龄要长很多倍。因此当前的宇宙中可能还不存在真正的黑矮星，但在未来的宇宙中，它们将大量存在。

现在让我们考虑质量最小的恒星以讲完这个故事。这些质量最小的"红矮星"是当今宇宙中数量最多的恒星，它们的结局一点都不波澜壮阔。由于它们的质量很小，其核反应是相当平静、缓慢且稳定的，它们的存在将持续超过100万亿年。然而一旦核燃料，即核心中的氢元素耗尽，这些微小的恒星就无法继续运行了。它们只能随时间消失在黑暗之中。一旦熄灭，死亡的红矮星仍会保留一点热量，提供一点支撑以防止坍缩。但最终，它们也会冷却，将所有的能量耗散到宇宙的黑暗当中。

但是，这些死亡恒星的遗迹有一些令人费解的地方。在核反应产生的向外推力或热压强消失之后，它们为什么没有全部屈服于引力那强大的挤压作用而都坍缩成黑洞呢?

你可能会觉得，它们是否像地球一样，即使核心没有核反应的支持，也不会坍缩? 在地球上，原子间的电磁力可以制衡引力的挤压，提供足够的支撑来阻止坍缩。但是这些死星的质量要比地球大很多，它们内部的引力足够强以至于能够克服电磁力的作用。那么，是什么阻止了这些死星在引力的作用下终结呢?

量子阻力

我们讨论早期宇宙中的氘瓶颈时说过，随着宇宙的冷却，氘瓶颈会阻碍元素的合成。氘是合成物质的最基本的双核子组分，因为其他双核子组合——双质子和双中子都是不稳定的，它们会在产生后立即分解。原因与它们的自旋以及强相互作用力有关。泡利不相容原理要求两个费米子不能处于同一状态，所以按照前面章节的说法，两个费米子不可能具有相同的波函数。

与费米子相对的是玻色子。玻色子包括传播力的粒子，比如光子，但同时也包括更大质量的复合粒子，包括我们熟悉的氘和氦-4。玻色子不受泡利不相容原理的约束，因此可以占据相同的量子态。一个熟悉的例子就是光子，它作为玻色子家族的一员，可以在激光脉冲中大量聚集。这可以被用于许多实际场景当中，比如激光眼科手术。功率最高、能量最高的激光脉冲可以持续10纳秒，而其中包含的光子数量可以与你体内的原子数量相当。而当玻色子凝聚在一起时，你不能再把它们看作一个个单独的粒子。所有这些粒子都只被**同一个**波函数所描述。

尽管听上去令人惊讶，但现在的物理实验室中制备处于凝聚态的有质量玻色子确实已经不是一件新鲜事，这是通过将这些粒子的气体冷却到接近绝对零度而实现的。在现代的物理实验室中，各种疯狂的事情都可能发生，比如超导（没有电阻的电流）和超流（没有黏性的流动）。但我们不想继续谈论玻色子，因为大多数物质都是由费米子组成的。费米子不会凝聚成占据相同量子态的波函数，这是不相容原理所导致的。泡利将他的想法作为一种计数机制，来解释为什么电子似乎总以奇怪的方式来排列它们的能量，正如我们在元素周期表的排列方式中所看到的那样。这个想法很快被提升为一个**原理**，一旦引入自旋的概念，人们就可以从中推导出电子在原子中的排列。

在那个时代，人们了解到能量越高的电子会尽量离原子核更远。因此，一个具有高能量电子或电子数量很多的原子会占据更大的体积。而高能电子占据更大体积的事实也已在实验中被测量到。由此，在泡利提出那个想法不久之后，保罗·埃伦费斯特想到，反过来去思考低能的电子，也可以得到一些有趣的结果。例如我们试图去凝聚原子，电子就会被推向原子核，以占据更少的体积。但泡利不相容原理禁止了这一点，因为这些电子不能共享波函数。因此，泡利的思想阐明了为什么由费米子组成的物质具有体积。

在第二章中，我们粗略地讲到了一些化学知识，讲的是如何用电子去填充原子轨道。这里的关键是记住何时将自旋向下的电子与自旋向上的电子配对，这背后的深层原因就是泡利不相容原理。在最低能级（1s能级）中，只允许存在两个电子，一个电子自旋向上，而另一个则自旋向下。自旋是一种内部自由度，对原子中电子的总能量没有贡献。所以两个电子可以都处于最低能量的状态，只要它们具有相反的自旋。换句话说，多个费米子可以具有相同的能量而不共享它们的波函数。这在物理学术语中被称为**简并**。

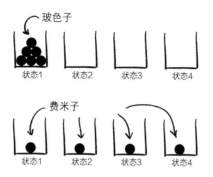

泡利不相容原理要求,任何两个费米子都不能对所有可观测量共享同一组取值。然而,它们可以除一个可观测量取值不同之外其他所有的取值都相同。最明显的可观测量来自我们的经典直觉——位置、速度、能量等。因此只要内部量子自由度不同,费米子就可以自由地共享这些经典可观测量的取值。这就是为什么一个原子中的两个或多个电子可以共享相同的能级。能量越低,简并度就越少。由于原子中的最低的 1s 能级只能包含两个电子(一个自旋向上,一个自旋向下),剩余的电子就必须具有更高的能量。因此,即使将原子冷却到绝对零度,也会存在高能量的电子。由于电子是费米子,所以电子的集团被称为费米气体。这堆电子会由于泡利不相容原理而抵抗对它们的压缩。压缩阻力也是一种压强。为了区别于正常气体中由热运动导致的压强,我们把这种费米子之间的压强称为**简并压**。

两个有质量的物体,无论是原子还是行星,都会通过引力而相互吸引。当相互吸引的一对物体中的某一个的质量比另一个大很多时,我们通常认为质量较大的那个物体的位置是固定的,而另一个物体可能坠入质量较大的物体中,或者逃逸到无穷远,或者绕着它旋转。例如,太阳占整个太阳系质量的 99.9%,这意味着太阳的中心可以被视为太阳系的质心。行星之所以能够围绕太阳规则地运动,是由于与行星相比,太阳的质量非常大。当二者的质量大小相当时,运动会变得更加复杂。例如，冥王星的卫星卡戎并没有像我们的月球绕地球一样绕着冥王星运行。卡戎和冥王星都是在绕着它们二者的质心运行，而质心并不在冥王星之内。它们彼此萦绕，一起跳着一支永恒的宇宙之舞。

更多的天体在一起运行则会具有非常复杂的轨迹，用专业术语称为**混沌**。然而，即使它们的运行轨迹不是简单的圆或椭圆，它们仍然会围绕着一个质心运行。当它们失去能量时，它们就会朝着那个质心坠落。这就是物质被压缩的过程，也就是恒星与行星形成的过程。引力总是把物质拉向一起，但如果引力是唯一存在的力，那么一切都会收缩于一个无限小的点，变成一个质量巨大的天体。对于像太阳这样的恒星而言，必须有某种力来制衡引力才能使其保持稳定。在太阳将氢燃烧成氦的过程中，这种抵御引力的力是来自其核心辐射的向外的压力。但是，一旦恒星熄灭，这种压力消失，引力就会压缩太阳的核心，直到简并压起作用，停止这个压缩过程。正是这种压力阻止了已熄灭的死星坍缩成黑洞！

宇宙体重监测者

一旦我们的太阳变成白矮星，它将会是一团满是电子的费米气体，氦核和碳核在其中游荡。这些费米气体将支撑太阳的残余物，直到它失去热量并冷却成黑矮星。

对于比太阳大的恒星，额外的质量会造成更大的引力，将白矮星压缩到更小的尺寸，并迫使电子拥有更多的能量。但这是有极限的，电子不可能拥有那么多的动能，因为它们的速度不允许比光还快——这是狭义相对论所设定的速度上限。

物理学家苏布拉马尼扬·钱德拉塞卡计算了这个极限的质量值。这被称为钱德拉塞卡极限，现在我们知道，它大约是我们太阳质量的 1.4 倍。对于一颗核心只剩下 1.4 倍太阳质量的以氢为燃料的恒星来说，它一生中质量最大的时候差不多相当于 8 个太阳质量。质量比此还大的恒星将会有着更加奇特的命运。

在足够的引力作用下,垂死恒星核心的电子被迫进入离它最近的原子核,并与质子发生反应。这个过程叫作**电子俘获**,会产生中子和中微子。然后,中微子会辐射出去,留下一个只包含中子的星体——中子星。不过,中子星的内部不含电子意味着它没有电子简并压,那么这样的天体是如何保持稳定的呢?

其中的一部分原因与电子简并压的原理非常相似,因为中子也是自旋为 1/2 的费米子,因此也存在中子简并压。然而,中子不是基本粒子,它可以被细分为更小的组分,每个中子都由 3 个夸克组成。所以原因不仅仅是中子简并压,也有额外的核力正在发挥作用,但我们对此尚未完全了解。与所有科学领域一样,这里还有一些谜团亟待解决。

最近有一项研究利用引力波天文学对一颗中子星的质量进行了测量,结果表明它的质量约为太阳质量的 2 倍。目前的理论表明,质量最大的中子星可以达到 3 倍的太阳质量。高于这个质量的话,即使是中子简并压的存在也无法抵御引力的挤压。那么,当引力强到足以迫使中子星超过这个相对论极限时会发生什么呢?答案是这会产生宇宙中最神秘的天体——黑洞。

在我们探讨量子力学对黑洞的影响之前,我们必须解释一些细节。我们一开始讨论了黑矮星的稳定性,这是死亡恒星的寒冷的残余物,并预计在未来将会充满整个宇宙。由于被量子物理以及泡利不相容原理所解释的简并压的存在,这些黑矮星不会坍缩。它们包含的电子作为费米子,不能聚集在同一个地方,也就是说你可以不断挤压这团电子,但简并压会抵挡这种挤压作用。看来,我们未来的宇宙将是一个非常奇怪的地方,充斥着作为简并物质的死星核心。

简并压不仅会在未来的宇宙中变得极其重要,实际上它的影响在整个宇宙历史中都可以感受到。中子星的存在就是一个例子,它们是前几代恒星熄灭后的残余物,其中许多甚至在太阳诞生之前就已经存在了。

之前提到过红矮星是最小的恒星,它们的质量大约是太阳质量的十分之一。但是为什么没有比它们更小的恒星呢？原因也和简并压有关。虽然质量过小的氢气团也可以坍缩，引力的挤压作用同样会加热它们的核心，但随着物质的密度越来越高，简并压会迅速占据主导地位，阻止进一步的坍缩。因此，这些未点燃恒星的核心温度和密度都不足以触发核聚变反应，它们被称为棕矮星，注定要流浪在宇宙的阴暗处。

事实上，在我们的太阳系中就有一颗未点燃的恒星，它就是木星。它形成的方式与棕矮星不同，但其中的物理是一样的。木星的中心密度约为太阳的一半，但温度仅为太阳核心的 600 分之一。这样的条件不足以触发核聚变反应，在量子力学的作用下，木星的核心无法再进一步坍缩。

让我们的讨论暂停于此吧。当你下一次在一个凉爽、晴朗的夜晚看到木星这颗宏伟的行星时，请回想一下我们刚刚介绍的内容。

物质会永远存在吗？

再过几百万亿年，宇宙中最后仅存的恒星也会走向终结。宇宙将再次陷入黑暗，充满已死亡的恒星。这些死星会将剩余的热量辐射到宇宙空间中去，直至它们冷却到接近绝对零度。也许这就是宇宙的最终状态，它将以这种形式走向永恒。但我们会看到，量子力学的作用可能会导致物质本身最终也融入黑暗中去。

生活是一场与衰败作斗争的持久战，如果没有持续的维修和保养，那么一切都会崩溃，不论是你的车子、你的房子，还是你的身体。衰败是不可避免的，但对宇宙来说，在其最基本的层面上，衰败仅仅是我们人类的错觉。

当食物腐烂或铁生锈时，在微观上是化学键的断裂或结合，但构成物质分子及晶体的原子本身是保持不变的。如果我们继续把物体粉碎，分解它们，最终我们将会得到组成宇宙中所有物质的单个原子。

虽然原子看起来是永恒的，但我们知道这不是事实的全部。这些在早期宇宙和恒星的核心中形成的原子，有一些是可以通过放射性作用分解的。但也有一些原子看起来确实是稳定的，不存在放射性，它们将在宇宙那漫长而黑暗的未来中继续存在。

但是组成原子核的质子和中子呢，它们也是稳定的吗？考虑到原子是稳定的，所以原子中的质子和中子似乎也必须是稳定的。不过，如果我们只取一个中子，让它自己独自存在，那么平均大约 15 分钟后它就会衰变。

中子会衰变的原因是它的质量比质子稍大。但差距没有太多，只有 0.1%，不过这点质量差距对应的能量差距足够让中子转换成质子、电子以及几乎没有质量的中微子，甚至还会再剩余一点能量（大部分作为电子和中微子的动能）。当然，这就是著名的能量守恒定律——能量不会凭空产生也不会凭空消失，只能从一种形式传递到另一种形式。有鉴于此，中子衰变前后总能量一定是相同的，不多也不少。

那么，单独的一个质子会怎么样呢，它会像中子一样衰变吗？由于质子质量较小，它不能衰变为中子，因为这将违反能量守恒定律；也就是说单独的质子没有足够的能量以转换成中子。

"那可太好了。"你可能会这样觉得。但质子可不可以衰变成其他的物质呢？衰变成那些质量更小的粒子，这样不就不违反能量守恒定律了吗？的确，以质子的质量，足以衰变成上千个电子，并且还会有许多剩余的能量。但是，当科学家们观察并等待单个质子的衰变时，发现它们不会衰变成 1000 个电子，也没有 100 个，甚至连 10 个都没有。虽然能量守恒定律允许这样的可能性，但人们的确没有观测到过质子的衰变。

量子账本

显然，这里有一些其他的原因阻止了质子的衰变。实际上，我们的宇宙中也存在一些其他的守恒定律，一些由量子力学书写的守恒定律。特别是，我们必须像记账一样去记录一个被称为**重子数**的物理属性。因为这是一个守恒量，我们必须在反应前后观察到相同的重子数。

虽然这听起来像是物理学家的行业黑话，但实际上重子数这个概念非常容易理解，它被定义为一个复合粒子内部的夸克数减去反夸克数，然后再除以 3。为什么要除以 3 ？这主要是为了方便。宇宙中的绝大多数物质是由质子和中子组成的。每个质子和中子又由 3 个夸克组成，所以每个质子或中子的重子数被定义为夸克数除以 3。而夸克也因此按照定义具有 1/3 的重子数。对于所有其他的基本粒子来说，按照定义它们的重子数为 0。而对于反粒子，与相对应的正粒子相比，它们的重子数为负。例如，一个反夸克的重子数为 –1/3，而反质子的重子数为 –1。

整个宇宙也应当具有一个重子数。当然，它一定很大。从早期宇宙到现在，它也一直保持不变。现在让我们回到之前提过的一个问题，我们问宇宙中的物质，或者说重子，是从哪里来的？当时我们还没有给它赋予"重子"这个名称。实际上，让物质占主导的过程，或者说让剩余的夸克远多于反夸克的过程，被称为**重子合成**。这听起来相当宏大！当然，我们不知道在我们能够看到的最早的时刻之前到底发生了什么[12]。我们希望有一种方法可以直接检验有关早期宇宙的理论！尽管现在还没有这样的方法，但我们还是可以合理怀疑，在早期宇宙中物质和反物质之间的对称性被破坏了，这使得宇宙中具有了数量更多的夸克以及更大的净重子数。不过，似乎这种对称性的自发破缺还不够奇怪，更奇怪的是今天的宇宙似乎已经恢复了这种对称性（没有任何实验发现重子数不守恒的证据）。因此我们想问，这种对称性还将保持多久？

正如我们所熟悉的能量守恒和电荷守恒，我们可能也会接受物质是守恒的。在学校的教科书中，我们会被告知物质既不能被创造也不能被毁灭。这个理论是从哪来的呢？当然是从量子物理中来的！在描述 4 种基本力的标准模型当中，粒子无法通过相互作用来改变系统的重子数。换句话说，正如艾米·诺特在之前教给我们的那样，在标准模型的数学方程中存在一种阻止了重子数变化的对称性，由此导致了重子数**守恒**。这也再次向我们展示了重子合成的难题有多么棘手——这种过程不被当前建立在重子数守恒基础上的物理定律所允许。

重子数守恒是非常有用的。它可以被用于在花费了数十亿美元的物理实验中寻找新粒子，让我们能够识别那些在粒子对撞中被大量喷溅出来的粒子。当然，它也可以用于检查你的量子物理作业。让我们看看你是否能在这个量子物理测验中获胜。准备好了吗？请回答：质子 + 中子→质子 + 质子 + 反质子 这种相互作用可以发生吗？嗯，先判断电荷是否守恒，左边一个正电荷，右边也是一个正电荷，看起来没问题。但这

12　我们当前能够检验的最早的宇宙学事件是原初核合成，大约发生在宇宙诞生后 3 分钟。——译者注

个反应式的左边是 2 个重子，而右边是 2-1=1 个重子。所以重子数不守恒。因此答案是这种反应不会发生。

现在进入第二个问题：质子 + 质子→质子 + 质子 + 质子 + 反质子这种相互作用可以发生吗？照样先检查电荷守恒——没问题。然后，反应式左右两边的重子数都是 2，所以重子数也守恒。因此，这种相互作用可以发生。事实上，当两个质子以足够高的能量对撞在一起时，我们就可以观察到这种**质子 - 反质子对的产生**。不过，这是让质子数量增加的相互作用过程。那有没有让质子数量减少的相互作用过程呢？毕竟我们想要寻找质子的衰变，就必须要依赖这样的相互作用。可是，质子已经是所有的重子中能量和质量最小的了。这意味着如果质子想要衰变成其他质量更小的粒子，就必然会发生重子数的改变。因此，质子衰变的过程被禁止发生！

可以说，质子受到了对称性的保护。或者用一种更适于讨论宇宙的漫长与孤寂的方式来说，质子也许注定会永生。

不可避免的三件事：死亡、税收和衰变

在我们讨论质子如何衰变之前，也许我们应该先问一问到底什么是衰变，或者更重要的是问一问为什么会发生衰变。虽然我们目前对衰变的理解完全是在量子物理学的框架下考虑的，但衰变现象被发现于量子物理建立之前。衰变意味着粒子的变化及分解。在 20 世纪初，在系统地研究所谓的"放射性"时，玛丽·斯科多夫斯卡·居里和她的丈夫皮埃尔·居里发现元素会衰变。有些元素会向外辐射，但随着时间的推移，辐射的效率会越来越低——不管辐射源是什么，它的辐射效率都会随时间衰减。人们发现，这是由于这种元素的总量在衰变后减少了，它们转变成了另外一种元素。

在量子物理学中，衰变指的是一个物理系统从高能状态转变为低能状态的过程。你可能会听说过"原子衰变了"这样的话，这意味着这

颗原子现在处于低能状态。但我们知道能量总是守恒的，所以损失的能量一定会转移到别的地方。这就是为什么所有的衰变事件都会导致一些能量的释放。如果系统可以处于能量比当前更低的状态，那么系统就是**不稳定的**。当所讨论的系统是一个不稳定的原子核时，比如著名的铀元素，那么情况就会与普通的粒子衰变有细微区别。在这种情况下，我们称之为**放射性衰变**，意味着它会发出高能辐射，具有潜在的危险。这种辐射通常被称为**电离辐射**，因为它含有足够的能量，可以在穿过物体的过程中剥离其中的电子。因此高剂量的电离辐射会对活细胞产生相当负面的影响。

显然，放射性样品能够发出的辐射量取决于它数量的多少。样品越多，衰变量就越多；样品越少，衰变量就越少。当然，我们不能用这种粗浅的经验法则来进行预判。不过幸运的是，精确的数学公式只比这稍微复杂一点点——放射性样品在某个瞬间的衰变量与你拥有的样品总量成正比。这意味着在相同的一段时间内，样品的衰变比例也是相同的。例如，一些放射性镭的样品大约需要 1600 年的时间才能将其中的一半衰变成铅元素，那么 1600 年后，剩下这一半的镭样品也将需要 1600 年的时间才能再次减半，以此类推。在这种情况下，1600 年被称为镭的**半衰期**。

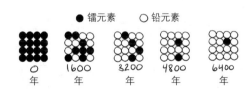

半衰期是元素的一种基本性质，每种元素都是不同的。有些元素，例如氢 -7（含有 6 个中子的氢元素），它的半衰期约为 1 幺秒（10^{-24} 秒）；而另一些元素，如铅 -204，半衰期则为 1 尧秒（10^{24} 秒）。从中我们可以看出一种元素的稳定性：1 幺秒的半衰期意味着这个元素非常不稳定，而长达 1 尧秒（这是宇宙年龄的数百万倍）的半衰期则意味着该元素在所有可预见的未来都是稳定的。

　　现在你可能会问，我们怎么知道原子的平均寿命是宇宙年龄的数百万倍呢？是有人等了那么久的时间然后测量出来的吗？当然不是，但量子不确定性允许我们用其他方法来测量原子的寿命。让我们再次回到镭元素，它的半衰期是 1600 年。这意味着如果我们有 1g 具有放射性的纯镭（镭 -226），那么 1600 年后，由于它的衰变，我们将只剩 0.5g 镭。不过，它不是说这些镭在 1600 年内不衰变，一直等到 1600 年后才突然有一半衰变，而是说每个原子在任何给定的时间内都有很小的衰变概率。比如说过了 1 秒，有些镭原子就已经衰变了，而其余的镭原子在下一秒也有同样的概率衰变。在 500 亿秒（约 1600 年）之后，就有大约一半的镭原子已经衰变了。尽管这听起来是很长的时间，但我们必须记住，每克镭中包含了超过 10^{21} 个镭原子。半衰期为 1600 年实际上相当于每克镭每秒发生 370 亿次衰变事件！相比之下，你的身体含有的放射性钾每秒大约只会发生 8000 次衰变事件（是的，你也具有放射性，你的电脑、你的狗以及任何你能想到的东西都是具有放射性的）。

　　半衰期是一个表示概率的数字，而不是物理上真实存在的东西。一个给定的原子在任何时刻都有衰变的概率。不管这种概率有多小，只要有足够长的时间，它终究会发生。这就是为什么核电站的核废料在当下很危险，并且在可预见的很长一段时间内它仍然危险。因此，质子能否永远存在的问题实际上就是在问：质子能否占据更低的能态？如果可以，那么它的半衰期是多少？

　　重子数守恒要求，作为重子的质子如果能够衰变，则必须衰变为其他重子。但就像我们遇到的其他反常现象一样，物理学家也在尝试打破重子数守恒所对应的对称性。在一些研究中，物理学家修改了当前的粒子物理标准模型，以允许质子发生衰变。也有一些研究旨在推翻标准模型，构建完全不同的模型以允许质子衰变。这样的提案层出不穷，但一个问题是，每一次粒子物理实验都验证了标准模型是正确的，它成功地解释了电子、质子以及其他各种粒子的产生。由于标准模型没有漏洞，许多修改方案最终都被证伪了，而其他未被证伪的方案则在等待标准模型出现裂痕。

科学家仍在努力寻找质子衰变的迹象。当然，考虑到质子极长的寿命，在实验室里观察单个质子并等它衰变是没有意义的。为了增加发现质子衰变的概率，科学家正在同时观察大量的质子。

把保质期设为永恒

请记住，量子物质（比如说粒子）的寿命是一个统计学问题。如果我们说粒子的寿命是一年，那就意味着它有50%的概率在一年内衰变。如果它在第一年没有衰变，那么它在第二年衰变的概率也是50%，以此类推。

因此，虽然质子的寿命可能长得令人难以置信，但的确有一种很小的可能性，某个质子在衰变之前只存在了5分钟。如果你观察大量的质子，比如一游泳池的质子（以水分子的形式存在），并且你知道质子衰变会产生什么样的信号，比如看到快速移动的正电子以及其他粒子，那么你就有机会发现一个衰变的质子。这正是物理学家正在做的，但到目前为止，他们还没有看到质子衰变的确切证据。

科学家对目前缺乏质子衰变证据这件事毫不气馁，认为这只是一个时间问题，它终将被观察到。但质子衰变的证据对未来的宇宙意味着什么呢？

几百万亿年后，所有恒星的核燃料都将耗尽。宇宙再无星光，陷入永恒的黑夜。那些熄灭的恒星将存在于黑暗之中，冷却并逐渐暗淡在宇宙的背景里。但随着我们进入10^{40}年的时间尺度，在最后一颗恒星熄灭很长一段时间后，质子的衰变将逐渐明显。

随着质子的衰变，物质将开始分解。在宇宙的黑暗中，黑矮星将蒸发成一堆简单的粒子和光子。在比质子寿命略长的一段时间之后，这些星体将完全分解至虚无之中。在质子衰变完成之后，物质的时代将真正迎来终结，宇宙中将只剩基本粒子和黑洞。

当然，质子不一定会衰变。尽管物理学家们有很好的理由认为质子不可能永远稳定（这与我们量子物理理论中的漏洞有关），即使质子不衰变，也不意味着未来的宇宙永远不会有变数。在恒星已死亡的核心中，原子被紧紧地挤压在一起。这样近的距离将非常罕见地允许**冷聚变**的发生，即量子隧穿将那些原子融合成新的元素。这一过程将进行得非常缓慢，直至所有的原子核都被挤压成一种强束缚的原子核——铁-56。也就是说，如果没有质子衰变，那么在经过一段久到难以想象的时间之后（大约 10^{1500} 年），宇宙中的所有物质都将聚合成铁这种元素，并永远以这种形式存续下去。

黑洞会永远存在吗？

　　如果质子真的会衰变，那么所有已死亡的恒星都终将会消融。但这并不意味着宇宙中将空无一物，仍会有其他的大质量天体潜伏在宇宙的黑暗之中。它们就是黑洞。大多数黑洞是由超新星爆发后的恒星坍缩而成的，它们不受质子衰变的影响，因为它们的物质都被束缚在了黑洞那无限致密的核心当中，这个核心被称为**奇点**，在物理理论中意味着此处的密度趋于无穷大。

　　但物理学家不认为黑洞的核心是真正的奇点。事实上，物理学家认为奇点这种意味着无穷大的东西在实际的宇宙中应当没有一席之地，直觉上会有某些因素阻止它们的存在。对于黑洞，人们推测，量子力学的作用最终会阻止这种密度无穷大的点的形成，不过它不会阻止黑洞存在巨大的引力。落入黑洞的物质注定会一直留在那里，而在最后一颗恒星熄灭并消融之后，黑洞仍将继续存在很长一段时间。

　　但是，黑洞会永远存在吗？我们宇宙的遥远未来注定是一片不断稀释并隐含着零星黑洞的基本粒子之海吗？在爱因斯坦的广义相对论中，黑洞是真正永恒的，它能够通过吞噬物质来增长自己的质量。由于物质落入黑洞的过程是单向的，它再也无法离开黑洞，因此在广义相对论中的黑洞永远不会缩小。

　　至少在 20 世纪 60 年代之前，所有人都是这么想的。不过之后，有一位名叫斯蒂芬·霍金的年轻人开始思考黑洞的本质。但他的关注点不是那个在数学上令人困惑的奇点，而是包裹着奇点的一个球面，被称为**事件视界**。

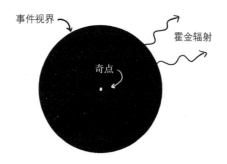

最早在研究黑洞的数学解的时候，人们就已经知道了视界的存在。它位于奇点之外一段距离的位置，表示"无法返回"的边界。从外向内穿过事件视界的物体必然会在引力的作用下落入奇点。没有什么能够阻止这一切的发生。一旦你进入视界之内，再多的挣扎或再强劲的火箭也无法阻止你向黑洞的中心坠落。

在视界处会发生一些奇怪的事情。时空的弯曲意味着光如果刚好在视界之外，那它就能够远离黑洞；但如果在视界之上，光最多只能保持住与黑洞之间的距离。而对于落入黑洞视界的物体，它们的图像——即坠入深渊时最后一次发射的光，就会留在黑洞的视界上。

相对论专家霍金想知道在视界附近会发生什么样的量子力学过程。单向的边界会造成什么样的影响呢？霍金的结论非常令人惊讶，他发现量子力学将导致黑洞存在辐射，黑洞会将奇点中的质量转化成视界处微弱的辉光。**霍金辐射**会明显影响黑洞的长期稳定性。但要理解霍金辐射，我们首先需要谈一谈量子物理学中最棘手的概念——纠缠。

有烟的地方就有火；有雨的地方就有云。这两个例子都只是在说事物之间的**相关性**。但相关性并不意味着因果性，就连科学家都需要不断被提醒这一点。例如，有云并不总是意味着要下雨，有火也不总是意味着一定会冒烟（这取决于燃烧的是什么）。而且，对于某些存在相关性的事件而言，其实互相都没有因果性。一个著名的例子是，一个城市的警察人数较多，犯罪数量也会较高。是警察导致了犯罪吗？还是犯罪导致了警察人数多? 其实, 两者都不是。是这座城市的人口决定了两者的数量。一座更大的城市会有更多的犯罪数, 同时也会有更多的警察。在这种情况下, 人口就是这两种现象的**共同原因**。

在因果性理论中, 当涉及两个事件之间的相关性时, 只会有 3 种可能性: ①第一个事件导致了第二个事件; ②第二个事件导致了第一个事件; ③第三个看不见的事件导致了前两个事件的发生。但是等等, 第二个事件怎么可能是第一个事件的原因呢? 难道未来会影响过去吗? 显然不是, 我们亲眼看到的顺序不一定是事件发生的顺序。例如, 我们经常在看到火之前先看到烟, 但显然是烟是由火导致的。关于因果性的另一个重要观点来自物理学: 从原因到结果的事件链必须遵守相对论的定律。换句话说, 导致一个事件发生的原因和所有其他传输的信息一样, 它产生的影响只能以光速或更低的速度传播。

手套游戏

现在让我们玩一个思想游戏。假设有一个人拿了一副手套, 并把每一只放到一个单独的盒子里。这些盒子没有标记, 只有把手套放进去的人才知道哪个盒子里是哪只手套。现在, 这两个盒子一个给你, 一个给你的朋友, 然后把你俩送到两个不同的城市。比如你和你的盒子在美国洛杉矶, 而你朋友和他的盒子在美国纽约。你们谁也不知道自己的盒子里有哪只手套。不过你们知道它要么是右手的那只, 要么是左手的那只。但想知道哪只手套在你的盒子里的话, 就类似于一个掷硬币的过程。假如你打开盒子, 发现里面是左手的那只! 那么突然间, 你也会知道你朋友的盒子里会是哪只手套。

这个小游戏可以反复玩几次。每次你都会发现你的盒子里是右手或左手的那只手套。两种情况各有 50% 的概率发生, 但你和你的朋友都不知道在每一次开盒的时候会发现哪种情况。这就是前面所说的相关性, 在这种情况下两个盒子里的内容之间是完全相关的。

打开盒子发现右手的手套并不会导致你朋友的盒子里出现左手的手套。同样，你朋友的行为以及他盒子里的内容也不会决定你的盒子里会是哪只手套。你发现哪只手套和你的朋友发现哪只手套，这两个事件是由一个共同的原因所导致的，那就是一开始放置手套的那个人！就算那个人每次都给你们不同的手套，他也一定会知道哪只手套在谁那里。按照我们之前讨论过的说法，你们打开盒子所看到的结果应当是确定的，对于所有的结果我们都可以追溯到一个共同的原因。

现在假设那个人在盒子里放的不是手套，而是一对纠缠的电子。你的盒子里有一个电子，你朋友的盒子里也有一个电子。你们依然拿着盒子去往不同的城市。你在美国洛杉矶打开你的盒子，发现你的电子是自旋向上的。而同一时刻你的朋友在另一个城市打开他的盒子，发现他的电子是自旋向下的。如果你们重复这个游戏很多次，你就会发现这和手套游戏一样，有时候你的电子自旋向上，有时候自旋向下。向上或向下在某种程度上是随机的。但你和你的朋友总是会发现自旋相反的电子。这其实没什么难理解的，只要把我们在手套游戏上所用的逻辑套用到这里，你就能明白。也就是说，那个把电子放进盒子里的人，完全是按照手套游戏的样子布置了这个"电子游戏"。

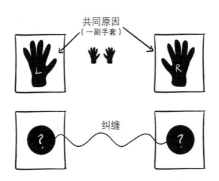

当然，在自然界以及物理实验中，我们并没有玩这样的游戏，但这仍然是一个很好的类比。实际中，那个将电子放入盒子的人的角色可能

由原子甚至遥远的恒星所扮演的。这反映出了一个很重要的观点——即使在看似随机的量子尺度上观察到的具有相关性的事件，也可能是由某个共同的原因导致的。爱因斯坦认为，这一观点必须是正确的，这样才能禁止出现他所谓的"幽灵般的超距行为"，意思就是说远距离上物质之间的关联行为，比如一个在美国洛杉矶的电子影响另一个在美国纽约的电子。虽然爱因斯坦认为一定有什么共同原因导致了两个量子事件之间的相关性，但至今人们都不清楚这个共同原因究竟是什么，它没有出现在实验室或者数学公式当中。因此，人们把量子关联的共同原因称为**隐变量**。

但事情的一个可怕之处在于，隐变量其实并不存在。量子关联实际上没有所谓的共同原因。这意味着在我们的游戏中，将电子放入盒子的人实际上不知道你和你的朋友打开盒子后会发现什么样的电子。换言之，存在相关性但无法被预先确定的事件是可以被创建的。我们知道在测量电子的自旋之前，电子之间是相互关联的，这种关联被称为**纠缠**。在量子物理学的高深概念之中，量子纠缠可能是一个最近才被得到充分理解的概念。

直到 20 世纪 60 年代末，约翰·贝尔才提出了一项能够证明自然界确实存在量子纠缠的实验。然后，又经过了 10 年，这项实验才被成功进行并提供了确凿的实验证据，尽管实验是用光子而不是电子完成的。与我们简单的小游戏不同，在现实世界中操纵和维持远距离的光子纠缠状态是一个令人难以想象的挑战。但它的确已经被我们实现了，现在我们可以经常创建这种没有任何共同原因的相关事件。

如果你深深相信不确定性原理，那么量子纠缠也许并不让你感到奇怪。不确定性原理告诉我们，量子粒子的某些性质是无法被定义的，在被测量之前这些性质并不存在。从科学和技术的角度讲，这听起来确实阻碍了我们理解量子纠缠，但事实并非如此！量子纠缠被证明是安全密码学的基础，提供了一种无法被破解的密码，它甚至还可以告诉我们一些有关黑洞的物理知识！在我们开始下一小节之前，我们想让你做点什么疯狂的事情，比如把一本《百科全书》扔到火堆里！

黑洞火墙

当然，我们不是真的要烧掉你的《百科全书》，之所以这样说只是因为这是一个非常好的类比。《百科全书》里面充满了各种各样的信息，按理说如果你把所有页面都烧掉，那么所有的信息就都丢失了，但事实真的是这样吗？原则上，我们可以收集所有焚烧过后的灰和烟，然后仔细地将它们拼凑在一起，这样就可以恢复这本《百科全书》。这反映了之前没有提到的一条守恒定律——**信息守恒**。这个定律源自量子物理方程的时间反演对称性。它意味着即使你把一本《百科全书》扔进一个黑洞当中，原则上，书的信息仍然会存在于黑洞内的某个地方。总之，《百科全书》就像是被备份了一样，它没有丢失任何真实的信息。

现在想象一下你的朋友携带着他的盒子掉进黑洞的悲惨场景。他那未打开的盒子里只有一只手套，但我们不知道是哪只手套，所以信息丢失了，对吗？不，把手套放入盒子的人仍然知道关于手套的信息。然而，如果它是一个被放置了电子的盒子，那就有问题了。因为任何人都不可能知道落入黑洞的那个电子处于什么状态，所以它的信息对宇宙来说似乎已经丢失了！这就是著名的**黑洞信息丢失悖论**，它意味着黑洞不会保留落入其中的物体的详细信息。而且情况比我们想象得还要糟糕。

假设这对纠缠的粒子是在宇宙诞生之初的正粒子 - 反粒子真空涨落中产生的。我们再进一步假设反粒子落入黑洞，而正粒子不落入[13]。这样一来，反粒子与构成黑洞一部分的粒子相遇并相互湮灭，然后"噗"的一下就有一小部分黑洞消失了。也就是说，黑洞失去了一部分质量，它们蒸发了。

13　严格来说，这里应该是真空涨落中的负能粒子落入黑洞，正能粒子逃逸，而不是反粒子落入正粒子逃逸。前者和后者不是相同的概念。——译者注

不是那么黑的黑洞

黑洞会蒸发意味着黑洞不是真正的"黑"洞,它们可以由于量子涨落和逃逸的粒子而发生辐射。而随着黑洞辐射,它们会逐渐失去质量。由于黑洞辐射是霍金提出的,所以又叫霍金辐射。霍金辐射是一种非常微弱的效应,黑洞每时每刻只能发出一点点的辐射。一个质量和太阳相当的黑洞需要花费超过 10^{60} 年的时间才能将它的质量蒸发掉 1%。

但是霍金辐射有一个奇怪的特性,辐射的功率与黑洞的质量成反比。也就是说黑洞越小,它的霍金辐射就越强烈。

所以这里有一个正反馈循环。由于霍金辐射,黑洞会随着时间的推移失去质量。而当它失去质量时,霍金辐射的强度又会增加,这让它在相同的时间内会失去更多的质量,所以它的霍金辐射又会继续增强。这种失控的过程持续下去,会让霍金辐射的辉光不断增强,强到让黑洞变得可以被我们看到。到了这个阶段,黑洞的质量会迅速下降,辐射的波段会由可见光缩短到紫外线,然后是 X 射线,再然后是伽马射线,最后黑洞就会爆炸!它会完全蒸发掉,什么都不留下。

我们要等多久才能让黑洞完全蒸发呢?答案是比所有质子衰变所需的时间还要长得多。对于一个质量相当于太阳的黑洞来说,它完全蒸发大约需要 10^{67} 年。这意味着在最后一颗恒星熄灭,在最后一个质子消融到宇宙的背景之中很久以后,在完全黑暗的宇宙中仍偶尔会有短暂而耀眼的闪光,那是一个个黑洞生命最后的回光返照。

我们知道,在质量最大的星系的中心存在着超大质量黑洞,它们的质量可达太阳质量的 10 亿倍。这些超大质量黑洞蒸发掉它们的质量需要更多的时间,它们可能会存续超过 10^{100} 年,它们主导宇宙的时代会在很久很久之后才到来,但它们最终也会随着霍金辐射的爆发而从宇宙中消失。

一旦最后一个黑洞随着其霍金辐射的最后一次烟花绽放而永远地消失,永无止境的黑夜就会降临。这似乎就是一切的终结。

然而,真的会这样吗?

宇宙的终结会是真正的终点吗？

一旦所有已死亡的恒星都消融了，黑洞也都蒸发了，那么宇宙中似乎就再也没有东西了。或者说，没有实质性的东西了。宇宙中的一切都将只剩下不断冷却、不断稀释的电子和光子。那时的宇宙将会是寒冷而均匀的，所有可用的能量都将消失。没有能量，就不会出现复杂的结构以及生命。宇宙将达到它的终极状态——**热寂**。

尽管热寂这个词听起来很魔幻，但它早在现代宇宙学的大爆炸和时空膨胀的概念出现之前就已经被预言了。1851 年，开尔文勋爵提出，宇宙正在耗散，由热转冷，最终的命运就是热寂。他不是第一个提出此想法的人，却是第一个用热力学的语言来表达这一观点的人。

我们已经讨论过了热力学第二定律，当时我们想知道为什么宇宙的所有区域都如此相似，也介绍了这一定律意味着一个过程中的能量最终会走向最小值。现在我们需要更详细地理解热力学第二定律，为此，我们必须要引入热力学中的另一个概念——**熵**。尽管熵的概念看起来确实和混乱是同义词，但这种粗浅的定义并不能让我们更好地理解什么是熵。

路德维希·玻尔兹曼在 19 世纪 70 年代为熵写下了第一个数学定义，那个等式现在被刻在了他的墓碑上。与此同时，美国统计物理学家约西亚·威拉德·吉布斯根据概率学提出了一个稍有不同的熵公式。这两个公式看起来非常相似，但有时，对于同一个问题使用不同的公式将给出不同的答案。显然，这并不合理。

玻尔兹曼和吉布斯都对热力学感兴趣，这是一门研究物理过程中热量流动的学科，它起源于工业革命时期的一个实际的问题，即如何确定蒸汽机的效率。在此基础上，它发展成为了现代科学的一座大厦，并从此吸引了许多顶尖的物理学家投身于此。高中生第一次接触到热力学可能是学习波义耳的气体定律，不过一旦他们进入大学，开始系统地学习这门学科，那学习的重点可能就变成了统计物理学。这门学科会研究气体中原子的不同排列方式对气体的性质有什么样的影响。然而，热力学的核心是对热流的研究。

理解玻尔兹曼熵和吉布斯熵的一个简单方法是考虑物理系统中有用能量的数量。这里的"有用"指的是能量可以被用来做一些事情，比如运行引擎或者为生物提供动力。具有大量有用能量的物体的熵通常会比较低。这里要注意，重要的不是能量的**总量**，而是**有用**能量的数量。

你可能对此还是一头雾水，所以让我们再思考一个简单的例子。假设你有两块金属，一块是热的，另一块是冷的。如果你让两者接触，热量将从热的那块流向冷的那块，理论上你可以利用这种能量流来为引擎提供动力。因此，热金属块和冷金属块组成的系统是低熵的，因为存在可以使用的能量。然而，如果我们有两个热金属块，它包含与前一个系统相同的总能量。当它们接触时，它们之间没有热量流动，导致系统中也没有有用的能量。因此两个热金属块组成的系统具有更高的熵。这看起来有点深奥，但事实上，我们可以从能量流动的角度来考虑任何过程。

人类经历的热量流动，或者说我们日常生活中的能量流动，是一个不可逆转的过程。当我们看到一段食物由熟返生的视频，或者破碎的鸡蛋、花瓶被还原的视频，就会产生一种不和谐感。但是假如看的是一个球在空中飞的视频，我们将无法分辨这是正放的视频还是倒放的视频，因此不会感到不和谐。我们所有已验证的物理定律都是**可逆的**。把物理定律颠倒过来，那些现象仍会是方程的解。用专业的话说，物理定律是时间反演**对称**的。但是，如果根据物理定律，向前走和向后走都被允许的话，那么时间怎么可能只朝一个方向流动呢？这个悖论可能是物理学中最明显的未解之谜。

用所谓的"**时间之箭**"这个名字来形容时间的不对称性是非常形象的，表明了时间具有明确的单向流动性。但这一观点与牛顿、麦克斯韦、爱因斯坦甚至是薛定谔的运动方程都不一致，因为这些方程都是时间反演对称的。不过，在量子物理学中的确有一个不可逆的过程，我们之前一直没有提到，它就是测量。

波函数坍缩

从我们对海森堡不确定性原理的讨论中可知，对一个系统中的某个属性进行测量不可避免地会影响它的另一个属性。海森堡针对的是位置和速度。一个极端的例子是通过吸收光子来测量光子的位置，这样一来就意味着光子的速度消失了！这听起来是一个不可逆的过程，对吧？实际上，所谓的"测量"在数学上的描述就是把粒子的波函数**坍缩**掉。

今天，当一个物理专业的学生刚接触到量子物理学时，他们会被告知一些基本假设。这些量子物理学的规则都是以非常简洁的方式表达出来的，与它混乱的发展历程形成了鲜明的对比。其中 3 个主要的假设如下：

1. 对于一个已制备的物理系统，在数学上可以由它的量子态（即波函数）进行描述。

2. 量子态如何随时间演化由薛定谔方程描述。

3. 进行测量时，量子态立即坍缩为与测量结果相关联的那个量子态。

事实上，如果已经过滤出了你想制备的那个量子态，那么第一条和第三条基本上是一样的[14]。然而在测量过程中，量子态的演化仍有两种可能的方式。

14　所谓的量子态坍缩就是测量导致系统从多个可能的状态进入其中一个确定的状态，这个过程就像是过滤一样。如果已经过滤出了某个量子态，那么执行与之前相同的测量就会继续坍缩到此量子态，其实就相当于量子态没有变化，系统一直由它的这个量子态所描述。所以这里说对于已过滤的量子态第一条和第三条基本上一样。——译者注

第一种是，在测量过程中波函数依然服从我们之前提到的薛定谔方程，这是量子物理学的基石，它具有时间反演对称性，且用途明确。第二种是，在测量过程中波函数发生了坍缩，这是一个令人讨厌的概念，因为这个过程无法被薛定谔方程描述，即它与量子物理学的根基存在巨大的矛盾。执行测量的人进行测量时，波函数的坍缩似乎是明显的。然而对于其他人，这并不明显。谁知道测量具体是在何时进行的呢？然后，谁又有资格实施测量这个操作呢，只能是科学家吗？自然界本身可以测量量子系统吗？所有这些问题都涉及所谓的**测量**问题。由于物理学中所有成功的运动方程都是可逆的，所以物理学家通常不喜欢波函数的剧烈坍缩这一看似不可逆的事实。他们觉得这是理论上出了问题。

那为什么物理学家还提出了波函数坍缩这种过程呢？因为它的确很有用，而且非常精确。但对于薛定谔方程和测量的理论哪个更基本，直到现在也没有共识。如果我们接受波函数坍缩是物理上真实发生的一件事，而不是我们人为引入且尚不知道如何消除的某种东西，那么我们就找到了测量过程不可逆的根源所在！但问题并没有这么快被解决。毕竟，执行了"测量"这个动作的你，也是由原子组成的，因此也必须用量子物理学来描述。实际上，测量某物就是要与之相互作用，而相互作用又是被薛定谔方程描述的。所以我们绕来绕去又绕回了原地！

20 世纪的量子物理学家有两个任务，一个是预言量子态坍缩的精确位置，另一个是证明薛定谔方程的可逆动力学可以导致熵的增加。第一条路的研究经过了一个世纪，我们现在仍然无法确定某个量子态会在何时何处坍缩。不过，如果我们对量子物理学采取一种操作性的观点，即只将理论作为实践者的工具，那么我们就可以只把坍缩当作观测的人头脑中发生的一些内部更新。而对于第二条路，幸运的是，它以我们之前提到的"纠缠"的方式提供了一些富有成效的答案。

当两个系统相互作用时，它们通常会发生纠缠。纠缠本质上是所有信息都承载于整个大的系统当中，而不是子系统。在极端情况下，子系统甚至可以不包含任何信息。随着子系统之间不断相互作用，纠缠的程度会不断累积，直到达到**任何**子系统都不含有信息的程度。那么这和热力学是如何联系起来的呢？我们可以考虑，一个人要从系统中提取有用的能量，肯定需要事先获取有关系统的信息。虽然这个例子并不正式，但已指出了问题的关键——没有信息就不能提取有用的能量，即系统达到了最大熵的状态。

现在，我们将整个宇宙作为量子系统。换句话说，宇宙这个被认为是由无数小量子系统组成的大量子系统，最终会演化为一种极度纠缠的混乱状态。因此即使在量子领域，熵也在持续增加，坚定地指向时间之箭的方向。

无论物理学家多少次试图逆着时间之箭在理论上探索我们宇宙的起源，我们都不会改变时间流逝的方向，一切都随着时间的运行贯穿了整个物理学。我们的宇宙从诞生开始就有很多有用的能量，分布均匀的物质可以坍缩成恒星，轻元素可以核聚变成重元素。**为什么**我们的宇宙生来就有如此之多的有用能量？这是一个未解之谜，但每时每刻，这种有用的能量都在减少。就在你正在阅读这篇文章的时候，你也会将低熵的能量转化为高熵、不太有用的能量，比如转化成你温暖的皮肤发出的红外辐射。

这一过程将永远持续下去，不可逆转。一旦最后一个质子衰变，最后一个黑洞蒸发，宇宙将不可避免地到达开尔文所预言的那个寒冷、死寂的终结。也许宇宙终将来到它的末日，也许这就是结局。

但是，这一切也许并不会发生！宇宙很有可能会重生。而导致它重生的秘密可能就在于暗能量和量子物理当中。

以黑暗对抗黑暗

暗能量是一种充满整个空间的能量，但它不同于我们所知道的其他形式的能量。暗能量正推动着宇宙以越来越快的速度膨胀，这会加快稀释物质和辐射，从而加速热寂的到来。

　　暗能量的一个特点就是它随宇宙膨胀时发生的变化不同于其他物质。如果宇宙的尺度变为现在的 2 倍，那么体积会增大 8 倍，普通物质的密度就会下降为 1/8。而辐射，比如说光，也会随着宇宙的膨胀而不断稀释，且稀释的速度比物质还快。但暗能量则根本不会被稀释。

　　今天，暗能量的密度约等于 $10^{-29} \mathrm{g/cm^3}$，虽然很小，但这大约相当于宇宙中物质平均密度的 2 倍。暗能量在未来将具有与今天相同的能量密度，即使在宇宙热寂的遥远未来也是如此。因此，暗能量将永远潜伏在那时显然已是一片死寂的宇宙背景当中。"这挺有趣，"你可能会这样觉得，"但那又如何？"

　　还记得在这本书的开头，当我们研究宇宙开端时的量子物理过程时，我们提出了暴胀子的概念吗？暴胀子是在宇宙中最早的物质和辐射出现之前存在的能量场，它驱动着宇宙超快速地膨胀。暴胀背后的一种可能的机制是，一个能量场由于量子隧穿的作用而发生了变化，通过某种过程从一个状态转换成了另一个状态。如果没有量子力学的作用，这是不可能发生的。

　　一些物理学家推测暗能量可能也是类似的情况，它对应的场正处于一个能量不是最小值的状态，这被称为**假真空**。它被困在那里，因为没有任何过程允许它衰变。但请记住，量子力学提供了量子隧穿的方法以进行看似不可能的跃迁。因此，也许暗能量也可以从能量较高的状态转变为能量较低的状态？

　　和所有的量子力学过程一样，这也是一种概率现象，我们等待的时间越长，暗能量跃迁的概率就越大。那我们还要等待多久才能让暗能量经历这样的量子衰变呢？好吧，现在只能进行一些猜测，可以说任何对于时长的估计都不可尽信。但有人认为，在大约 10^{1500} 年的时间尺度上，暗能量的假真空将最终衰变为真正的真空。

　　另一件需要猜测的事情是这种衰变要如何进行。现在已经有了一些有趣的想法，其中一个是衰变不会在整个宇宙中同时发生，它会于不同时间在宇宙的不同区域发生。这就像是水在结冰时会从不同的位置开始冻结，并向外扩散，直到整个水体冻结。

随着暗能量的衰变，它可能会像我们在前面章节中看到的暴胀子那样，推动新一轮的宇宙加速暴胀，这在本质上相当于在我们现有宇宙的每个位置都诞生了一个新的宇宙。这些新的宇宙会是什么样子呢？同样，这要在一个猜测的基础上继续猜测。虽然有可能所有的这些小宇宙都和我们这个宇宙一样，但一个更有趣的想法是，从这种新的暴胀中诞生出的宇宙当中运行的物理定律已经被改写了，每个宇宙都拥有自己独特的粒子和力。在这种情况下，大多数宇宙可能与我们的宇宙非常不同，其中一些可能过于简单，以至于无法满足生命所需的复杂性。但也有一些宇宙，其中可以有发光的恒星，可以有旋转的行星，可以形成某种形式的生命。甚至有一些生命可以学习读写！

有一些科学家甚至认为这种情况已经发生过一次甚至多次了，也许我们现在的宇宙只是整个宇宙在诞生、演化、死亡的永恒循环中的一个阶段。或许这就是诞生新宇宙的方式，但也有可能事实不是这样。就目前而言，我们对宇宙在遥远的未来将变成什么样子的描绘只能当作一个有趣的故事来看待。

第四章

量子宇宙的未来

我们已探讨了什么？

通过这本书，我们回顾了宇宙的过去、探讨了宇宙的当下，同时也展望了宇宙的未来，这些至少是我们当前对宇宙的理解。我们已经看到，尽管量子物理学和广义相对论是如此不同，但如果我们要理解当前的宇宙是如何运行的，那它们俩就都要被考虑到。

我们可以揭示宇宙运行的规律，从现在这个群星闪耀、生命繁衍生息（至少地球是这样）的时代一直追溯到宇宙大爆炸的初期。即使是对于宇宙的遥远未来，我们也可以猜测那可能会是一个没有恒星、物质最终融入黑暗的时代。我们可以用物理定律来瞻望过去和未来，用数学语言来描绘那些人类从未经历过的时代。通过天文学家的想象，我们已经成为了某种意义上的时间旅行者。

事实上，不论是对于大爆炸发生后的几分之一秒，还是对于未来数万亿年后的宇宙，我们都可以对当前的理论充满信心。这在某种程度上印证了现代科学的成功，也正是这些科学理论作为地基支撑了现代文明的技术繁荣。从可以看到病人身体内部的机器，到可以存储海量信息却只有手掌大小的微型计算机，再到确保你在参加聚会的路上永远不会迷路的定位技术，现代科学的成就是所有人类都应当赞颂的。

但科学从来都不是完备的，总会有新的问题需要回答。我们对宇宙最基本问题的理解还远未成熟。在本书的开头我们指出，现代物理学建立在两个看似不相容的概念之上。主导大尺度上宇宙演化的引力是由爱因斯坦的广义相对论所描绘的，而其他的力——电磁力、弱相互作用力以及强相互作用力则是用量子力学的语言表述的。

从前面章节的内容可以清楚地看到，在描述过去、现在和未来的宇宙时，物理学家必须以某种方式将量子力学和广义相对论这两个看似完全不同的概念黏合在一起。在多数情况下，它们可以相互分离，因为尽管引力和其他力都很重要，但对于常规的情况，它们通常还是可以被单独处理的。不过在其他情况下，它们会相互交织，量子效应会影响引力，引力也会影响量子效应。正是在这些极端的情况下（比如说黑洞的中心和宇宙的诞生），宇宙仍然存在未知的奥秘。

在这本书剩下的内容中，我们将尝试展望不太久远的未来，或者说科学的未来，并思考下一个新发现可能会是什么以及它可以向我们揭示什么样的宇宙奥秘。不过在此之前，我们先聊聊一个物理学家的梦想。

物理学家一直有一个梦想，一个关于万物理论的梦想。他们希望发现一套数学公式，可以将引力和量子力学总结在同一组方程当中，也希望通过这一套数学公式来解开宇宙的所有奥秘。如果这个梦想实现，那么我们就将看到宇宙中最神秘的地方（包括黑洞的中心）究竟发生了什么，我们也将真正地了解我们的宇宙究竟是从何而来的。

许多年来，物理学家一直在探索万物理论。甚至连爱因斯坦本人也试图将电磁力编入他对弯曲时空的描述当中。其他人也做过类似的尝试。比如西奥多·卡鲁扎和奥斯卡·克莱因就在相对论刚刚提出的时候，尝试将电磁场和量子力学描绘在爱因斯坦四维时空之外的额外维当中。

直到今天，万物理论的探索也一直在持续，科学家正试图统一所有的基本力。物理学家尝试了不同的方法，并考虑了各种各样的假设，以试图为宇宙建立新的数学方程。其中有一些人推动了相关数学的发展，为之添加了一些新的部分，以期望能为我们理解宇宙提供新的见解。而另一些人则试图寻找更加基本的粒子，并从头开始构建新的物理学。还有一些人则走得更远，他们将时空本身在理论上分割成无数离散的小块，从而使宇宙本身能够从一个更基本的结构中浮现出来。但到目前为止，所有的尝试都失败了。不过，也许本书的读者中会涌现出一位天才，以他非凡的才智将来在这个问题上取得重大突破！那么，要做到这一点，需要先学些什么呢？

万物理论可能是什么样子？

现在让我们走马观花地浏览一下物理学家们在探索万物理论时的一些想法。这份列表并不全面，只列出了几个已被大家熟知的有代表性的理论。然而，请记住这些理论并不都是独立的，它们的物理思想会有相通的部分，数学公式之间也可以存在关联。

超对称

我们已经提到过物理学家到底有多么喜欢对称性。对称性可以让我们获得形式漂亮的方程、守恒定律以及更简单的宇宙图像。在粒子物理的标准模型中，6 种夸克与 6 种轻子之间就存在着对称性，它们质量递增，成对排列，每对夸克或轻子被称为一代。现在，物理学家们已经学会了使用**群论**的语言来描述粒子的这些由对称性导致的性质。

一些物理学家想知道，我们是否可以在标准模型的基础上施加更多的对称性并由此引入更多额外的粒子，以此来扩展标准模型。在这种思想的指引下，物理学家为电子引入了一个超对称伙伴——**超电子**，也为每个夸克引入了一个**超夸克**。其他粒子也有属于它们的超对称伙伴，比如 W 玻色子和 Z 玻色子对应有 **W 微子**和 **Z 微子**。此外，在这个新理论中也包含有**引力子**，这是传递引力的粒子。

超对称理论在数学上似乎相当优美，解决了许多难题。但不幸的是，它似乎完全与我们的世界不符。旨在检验标准模型适用范围的大型强子对撞机是有史以来最大的科学实验，但我们在其中始终没有找到任何实验证据来证明超电子和超夸克的存在。孤注一掷的物理学家只能假设超对称粒子的质量可能非常大，以至于即使是欧洲核子中心的大型强子对撞机，也没有足够的能量将它们产生出来。但要实现这一假设，必须又要去打破一些基础的对称性。对于一个被认为具有超对称性的理论来说，这在逻辑上是有缺陷的。现在，尽管仍有人在努力研究超对称的数学，试图让超对称发挥作用，但他们中的许多人最终都得到了负面的结论，认为超对称可能无法描述我们这个世界。

弦理论

弦理论是一种试图从物质的最底层结构入手来统一引力和其他基本力的理论。在这种理论中，在最小的尺度上，一切物质都是由微小且在振动的弦所构成的。所以，电子是由弦构成的，夸克也是由弦构成的，是弦的振动模式告诉了你应当如何去定义物质。这种假设看起来的确有些疯狂，但这些振动弦的数学性质对物理学家来说非常有吸引力，使它们看起来与我们周围的粒子非常相似。

弦理论的框架内自动包含了引力，它把引力子也描述为某种形式的振动弦。这种物理图像看起来很简洁，因为其中所有的物质在最底层上都是由完全相同的东西构成的。但是弦理论背后的数学是非常难处理的。其中一个最难办的特性是，你需要在理论上添加额外的空间维度来让理论自洽。而且不是只添加一两个维度那么简单，在某些版本的弦理论中，宇宙甚至总共要有 26 个维度。

"那么这些多出来的维度在哪里呢？"弦理论的反对者们通常会提出这样的问题。而弦理论的研究者们则引入了一种被称为"紧致化"的理论方法将这个问题回避过去。他们认为，任何额外的维度（我们的日常生活中没有看到的维度）都整齐地蜷缩了起来，从而不会对你产生可观的影响。今天，弦理论家仍在进行着数学上的研究，但结果表明，弦的预期尺寸实在是太小了，即使是大型强子对撞机也不可能探测到它们。实际上，如果你想在实验中测量到弦的痕迹，那么你需要一个大小与银河系相当的对撞机！这的确有些不切实际了。因此，弦理论家只能继续玩他们的数学游戏。在没有实验观测来提供证据支撑的现状下，弦理论的反对者们甚至宣称弦理论不是真正的科学！

M 理论与膜

人们尚未从弦理论构建出万物理论并不意味着这方面的发展已经停滞。实际上，弦理论已经进化成为了所谓的 M 理论，这是一个由爱德华·威腾于 1995 年提出并命名的理论。至于 M 的含义，威腾建议每个人按照自己的想法去随意理解，比如说魔法（magic）、神秘（mystery）或者膜（membrane）都可以。撇开其中幽默的成分，M 理论的根本想法是，我们所认为的一维的弦，实际上被扩展成了更复杂的结构——膜，这些膜会在更高维度的空间中相互作用。与弦类似，M 理论认为这些膜构成了宇宙中的一切，是宇宙最基本的组分。

和弦理论一样，物理学家希望在数学大厦的某个角落找到一种特殊形式的振动膜，以解释引力的作用。但同样，这里所需的数学是非常困难的，无论从哪个单一的方面都无法去描绘整个 M 理论——M 理论包含许多相互对偶的子理论，每个子理论都基于不同的想法，都有自己的假设和限制。

这不仅是 M 理论与弦理论共有的数学难题，同时也限制了我们去检验目前学术期刊上与 M 理论相关的那一大堆数学理论是否与我们的现实以及周围的物理世界有关。至今，粒子加速器和引力波探测器并没有显示任何支持 M 理论的证据，而在世界各地物理系的办公室里，一些最聪明的人仍在继续推动相关数学理论的发展。也许有一天，M 理论最终会成为描述我们现实世界的终极理论，但也有可能 M 理论会随着人们对实验证据的缺乏感到厌倦和沮丧，而最终消失在历史的长河当中。

圈量子引力

一些物理学家想知道，是否有另一种方法可以将引力与其他被量子力学描写的力结合起来。也许，出于某些原因，引力也是一种量子现象，但它与其他被量子化的力非常不同。爱因斯坦告诉我们，引力是时空弯曲的结果，所以如果我们将时空本身量子化，将它们分割成无数的小块，会怎么样呢？这就是**圈量子引力**的出发点。

由于圈量子引力理论包含弯曲但被分割的时空，所以引力作为一个量子化的背景存在，而其他力则在这个背景上发挥作用。你可能会问这个理论名字中的"圈"是从哪来的，这就是这个想法开始变得奇怪的地方。它认为时空的小块被有效地编织在矩阵或者说网格当中，因此，如果我们能够深入观察时空的最小部分，它们看起来就会像是一件羊毛衫的局部一样，一圈套一圈把所有的东西包裹在一起。甚至还有一些更深入的想法，关于这些网格将如何决定宇宙的未来，认为这类似于织机在纺织材料中添加了一条新的编织线。

自从爱因斯坦写下他的引力场方程以来，伟大的思想家们就一直在考虑一个哲学问题：宇宙的过去、现在和未来都已在数学方程中写得很清楚了，也就是说，在广义相对论的框架下，整个宇宙的未来都已经被确定好了，那么我们的自由意志还存在吗？并且，任何写在这个时空结构上的理论都将面临这些问题。"但不包括我们！"研究圈量子引力的物理学家们这样说道。因为对他们来说，未来尚未被编织，自由意志仍然存在！但就像弦理论和 M 理论一样，圈量子引力的数学很难，思想尚未完善，它的实验证据也仍然缺乏。

其他理论

我们在这一节中已经讨论了很多理论，但这并不是所有可能的建立万物理论的方法。实际上，物理学家在寻找问题的解决方案时非常努力，提出了许多关于宇宙基本构成的非常激进的观点。大多数观点得到了非常多的新闻报道，但这并不归功于它们的预言能力或者与现实的关联程度，你去看任意一个科学媒体都会发现这个情况。事实上，半个多世纪以来，我们在某种程度上一直是在盲目行事，虽然论文和方程的数量都在不断增加，但我们似乎并没有更加接近最终的答案。

万物理论会引导我们走向何方？

经过了将近一个世纪的探索，所有伟大的人类思想都未能提供一个令人信服的万物理论。但我们仍然可以想象，如果我们明天醒来发现有人破解了这个谜题，给出了一个包含引力和其他基本力的统一理论，会如何呢？尽管我们无法猜测问题的答案会在何时何地出现，但我们相信，在这个世界的某个物理系或数学系中，会有一些年轻的研究人员在将来真正地解决这一问题，让一切谜团都变得清晰起来。取得突破的那个人必将获得诺贝尔奖。但对我们来说，万物理论的出现能让我们学到什么呢？我们又能从中发现哪些关于宇宙的秘密呢？

之前我们已提到过两个需要被万物理论解答的问题：黑洞的中心以及宇宙的诞生时刻。万物理论会让我们在那里找到些什么呢？

根据爱因斯坦的广义相对论，一旦天体坍缩到临界点以下，使其全部的质量都包括在事件视界之内，那么就没有任何力可以阻止天体继续坍缩，直至形成奇点。也就是说，如果只考虑爱因斯坦的相对论，似乎引力的作用总是可以压制其他力，从而将质量压缩到一个体积为零的点之中。但是，只有在万物理论中，我们才会真正地了解力与力之间的关系。许多物理学家认为，当物质的密度变得异常高时，例如在黑洞形成的地方，引力将不再远比其他力重要。相反，随着引力的增大，其他力也会随之增大，以抵御坍缩的继续进行。量子力学的作用使得黑洞的中心不会形成一个密度无穷大的奇点，而是形成一个体积超小、密度超大的核心。也就是说，爱因斯坦引力理论中的无穷大会被万物理论所排除——虽然黑洞是个奇怪而极端的天体，但它不会出现无穷大的物理性质。这样一来就不必再担心宇宙中存在真正无穷大的物理量，物理学家就能够高枕无忧了。

那么我们能从一个潜在的万物理论中更进一步了解黑洞吗？对于这个问题，我们肯定只能进行猜测。也许一个密度极高（但并非无穷大）的黑洞核心就是它内部的一切。但也有些人认为，黑洞内部可能也会有其他奇怪的事情发生。比如说黑洞中心极端的引力可能会在宇宙的结构上打一个"洞"，一个通向其他地点、其他时间甚至其他宇宙的**虫洞**。虽然这听起来像是科幻小说中才有的设定，但爱因斯坦的数学方程暗示了这种奇怪可能性的存在。说不定有一天，这种科幻设定就会成为现实。

那么宇宙的诞生该怎么理解呢？根据爱因斯坦的说法，所有的空间、所有的时间以及所有的物质都是在大爆炸的那个时刻形成的，但就像黑洞的中心一样，我们的数学方程在此也面临着无穷大这一问题，因为广义相对论中只考虑了引力而忽视了其他力。与黑洞一样，我们希望一旦我们理解了引力和其他力之间真正的关系，这些与无穷大相关的问题就会被消除。

也许爱因斯坦给出的粗略图像是正确的。也许空间、时间和物质都是在宇宙最初的时刻诞生的。也许从数学上无法再进一步地讨论了。但大多数物理学家都无法接受宇宙从哪里来的问题没有答案，他们认为情况不太可能是这样。

根据爱因斯坦的场方程中的线索，许多人认为我们的宇宙并不是一切事物的真正开端，而是来自某种预先存在的结构。正如我们在第三章中提到的，我们宇宙的最终消亡可能会是一个新宇宙的开端，而我们的宇宙可能也起源于类似的过程。或者，我们的宇宙也可能是从先前宇宙中的一颗大质量恒星的死亡中诞生的，即一颗恒星坍缩形成了一个新的黑洞，并在这个过程中孕育出了一个新的宇宙。

又或许，我们的宇宙实际上诞生于一个我们几乎无法想象的过程。由于目前没有统一描述引力和其他力的数学语言，所以我们能做的就只有提出一个又一个猜想。

我们还能期待从万物理论中发现什么呢？我们对宇宙的理解其实有几个漏洞，而万物理论有望帮助我们填补这些漏洞。具体来说，我们目前无法基于粒子物理标准模型去解释宇宙的黑暗面，即主导大尺度上宇宙演化的暗能量和暗物质。标准模型非常成功地解释了大型强子对撞机中产生的所有粒子，但对暗物质没有任何解释。

而正如我们所见，许多物理学家提出了对标准模型的扩展，以解释暗物质。但到目前为止，还没有人在任何加速器实验或任何天文观测中发现过暗物质粒子。

暗能量的问题则更大，因为如果没有它，我们可能就会减少一分对宇宙末日的担心。暗能量为什么存在呢？目前，许多人认为这与真空的量子性质有关，但我们所有的理论计算都不足以对其性质做出任何可信的预测。也许，等将来有了一个万物理论，所有的线索都汇聚在一起，我们可能就会看到暗能量只是我们宇宙中的一个很自然的部分。

前进的道路上还有哪些阻碍？

你可能想知道为什么构建一个万物理论如此困难？为什么那些聪明的物理学家不能仅通过认真思考就提出一个漂亮的理论，得到一个涵盖了所有的基本力以及宇宙黑暗面的理论？

其实目前的物理学面临着一个相当尴尬的问题。现代物理学是建立在广义相对论和量子力学的基础上的，在它们各自的适用范围内，每个学科都非常成功。我们对这两个理论进行的每一次实验检验，都没有发现它们的破绽。

在过去 10 年里，大型强子对撞机上发现的希格斯玻色子代表了粒子物理标准模型的巅峰。不论物理学家们如何给粒子加速器提升能量，得到的结果都与标准模型的理论预言一致。

对于广义相对论，情况是一样的。在 2016 年发现的引力波代表着广义相对论的巅峰。这些微小的时空涟漪本身诞生于宇宙中的一些最猛烈、最高能的事件当中。但由于引力实在是太弱了，它们在整个宇宙中携带的能量只有一小部分可以被我们探测到。经过半个多世纪的努力与不断地试错，激光干涉引力波天文台（LIGO）终于记录到了遥远宇宙中两个黑洞合并所发出的引力波特征信号。由于这一发现，LIGO 实验背后的先驱者雷纳·韦斯、基普·索恩和巴里·巴里什获得了 2017 年诺贝尔物理学奖。

在过去的几年里，LIGO 已经变成了另一种形式的天文观测站，用于接收来自宇宙的高能事件的信号。随着信号发现得越来越频繁，人们对这种最新发现不再那么激动。但是接收到数据之后，精确的信号还是会被物理学家们仔细地研究，来看看它是否与爱因斯坦的伟大理论的预言有任何偏差。尽管有一些可能的暗示，但新物理理论的信号总是在仪器的可探测极限之下，因此爱因斯坦的广义相对论也似乎在每次检验当中都滴水不漏。

在 2020 年 2 月，天文学家报告了他们对一个双脉冲星系统的新的观测结果。这个系统是由两颗超致密星——大质量恒星死亡后的残余物组成的，它们以极高的速度绕着彼此旋转。在这个系统中，你可以找到相对论的所有要素，包括极快的旋转速度以及由致密星引起的巨大引力。为了理解和预测星体的运动，物理学家们需要考虑时空的可观的弯曲效应。他们甚至需要了解一种被称为**参考系拖曳效应**的神秘现象，即时空被按轨道运行的星体所拖曳。这使得每颗星体的自转方向都随时间以不同于牛顿天体力学的方式稳定变化。那么天文学家的观测结果究竟如何呢？你猜对了，再次和爱因斯坦的预言相符。你可能觉得物理学家会对这一新进展欣喜若狂，但实际上，正如我们所指出的，这种没有发现新物理的情况是不会令人满意的。因为我们知道，不论是量子力学还是广义相对论，本身都不能作为宇宙的终极理论，一定还有一些别的现象是二者都无法解释的，但自然界迟迟没有给我们下一步的线索。

我们最成功的物理理论都起源于解释**观测结果**的必要性。物理学家最渴望的就是获得有关下一步发展方向的指导。他们想要一些线索来理解这些无法被当前理论所解释的自然事物。在这本书中，我们提了一些这样的事物，比如黑洞的中心和宇宙的诞生，但到目前为止，我们在那里求解出的无穷大并不会帮助我们更好地理解它们。物理学家真正想要的是他们可以顺利研究的东西。

你可能会问什么样的东西是他们可以顺利研究的？比如说，大型强子对撞机中产生的一种新的、无法解释的粒子。又或者是引力波的某种无法用爱因斯坦理论对双星合并的预言来解释的特征。物理学家们十分渴望实验出现反常，出现意料之外且无法解释的结果。

在实验或观测中总会出现一些奇怪的迹象，但它们通常很难让我们取得实质性的进展，因为它们总是出现在信号的噪声当中。也许是在黑洞合并的引力波信号中有一个不寻常的起伏；也许是在大型强子对撞机上，来自特定相互作用的光子的能量分布出现了意想不到的变化。在发现这些反常迹象之后，理论物理学家就会开始疯狂起来，构造他们最喜欢的"超越标准模型"的理论思想，看看能否用来解释实验的反常。理论物理学家的狂热令人印象深刻，你可以试着在网络上搜索"双光子过量"，看看有关的例子。但随着越来越多的数据被统计以及不可避免的观测噪声被压低，这些奇怪的反常信号通常就会消失，因为它们只是一开始统计数据偏少导致的涨落。而随着反常信号的消失，对"新物理"的兴奋呼声往往也会随之消散。

那物理学家下一步该做什么呢？老实说，他们也不太确定。对于其中一些人来说，如果我们用更大的望远镜来扫描天空，或者用更高能的粒子加速器来揭示最小粒子的内部运作，那么就有机会为下一步探明方向。但人们也一直担心，即使有了这些新的宇宙探测器，相对论也仍然在描述宇宙方面滴水不漏，量子力学也仍然能顺利解释夸克的行为，而没有显露出任何有关统一理论的新迹象。

实际上，我们的望远镜和加速器可能永远不会强大到足以揭示万物理论。一些人认为，在科学仪器方面，越大并不意味着越好，我们需要更加努力地**思考**，在数学和逻辑方面取得新的突破，来提供在桌面实验室中就能够实现的新的检验方法。但这也只是一个愿景，而不是一个具体的计划。

所以这就是我们的现状。我们的物理定律由两个不相容的理论所主导，一个描述宏观世界，而另一个描述微观世界。这两种理论在各自的适用范围内都表现得出奇的好，正如本书所探讨的那样。而在需要的时候，它们俩也可以草率地结合在一起以理解一些事情。但从最根本上，二者都不是完备的理论。

物理学家都是斯多葛主义者[15]，所以我们认为应当以积极的态度来为

15　斯多葛主义是古希腊的一个哲学学派，认为宇宙有永恒而普遍的法则。——译者注

这本书结尾。在过去的几个世纪里，从极小的尺度到非常大的尺度，我们对宇宙的理解发生了一场盛大的变革。这是非常令人难以置信的成就，我们都应为此感到自豪。但我们探索的旅程还没有结束，还有一些问题需要去回答，这些问题涵盖了最小的粒子和最大的宇宙之间的真正联系。

　　每天，在世界各地都会有聪明的年轻人被吸引到物理学的殿堂中来，其中有一些人就是在听说了宇宙的基本力之间存在冲突之后才进入这一领域的。随着新的观测或实验结果或新的理论预言的出现，物理学的新突破随时可能会到来。目前，我们还需要等待才能知道新的突破能否真正将量子物理与宇宙联系起来。但有一件事是可以肯定的，当正确的想法或无法解释的观测结果出现时，它将彻底改变我们对宇宙的看法。除了让我们能够窥探到黑洞的隐秘核心、了解宇宙的诞生，或者揭示暗物质和暗能量的本质，它还可能告诉我们更多的事情。也许甚至它会让我们了解一些更大的问题，比如生命如何起源，人类在这个宇宙中是否孤独以及我们为什么会存在，我们的想象为何能触及宇宙的每一个角落甚至更远的地方。

致　　谢

克里斯感谢他的同事、朋友以及家人的不断鼓励。林赛，你一直是我最坚定的支持者，同时也是一个温柔的批评者。迪伦、马克斯、韦斯和埃文，你们是我的灵感来源。我希望你们已为《宝宝的量子物理学》这本书做好了准备！感谢杰兰特立即支持了我的这个疯狂的想法。也感谢整个 Sourcebooks 编辑团队，这些年来你们一直都是令人惊叹的合作伙伴。

杰兰特要感谢克里斯邀请他合作完成了这本书，把极大的宏观世界和极小的微观世界联系在了一起。这是一次非常愉快的合作。杰兰特还想感谢卢克·巴恩斯、乔恩·夏普、莎莉·贝内特、马特和乔·威尔肯在完成这本书时提供了评论、见解和支持。感谢我的家人——兹登卡、布莱恩和迪伦付出的无价的爱，尽管这一年我们都挤在我们的小公寓里，进行远程学习和工作。2020 年是难忘的一年，而疯狂的时代似乎还将继续。但是，朋友们，当这一切结束，我们将会再次见面。

我们非常感谢安娜·米歇尔和 Sourcebooks 的编辑团队，他们将两位物理学家深奥的讨论转化为了大众能看懂的书籍。

关 于 作 者

克里斯·费里是澳大利亚悉尼科技大学的副教授，他在那里研究和讲授量子物理、量子计算以及量子工程。同时，他也是 50 多本儿童科普读物的作者，其中包括《宝宝的量子物理学》等。作为 4 个充满好奇心的孩子的父亲，他相信应该提早向孩子们介绍这些伟大的观点！

杰兰特·F. 刘易斯是澳大利亚悉尼大学的天体物理学教授，他在那里探寻宇宙的黑暗面，即主导宇宙演化的暗物质和暗能量。他为学生教授物理学和宇宙学，并著有两本关于宇宙以及科学如何运作的畅销书。他也会定期向全世界的观众讲述宇宙的奇迹。另外，他最感兴趣的基本力是弱相互作用力！